华夏文库·科技书系

中国营造技术简史

李秋实　编著

中原传媒　中州古籍出版社

目录

一 什么是建筑?

二　建筑怎么建造？

三 中国古代建筑特征

一 什么是建筑？

1 建筑的起源

我们每天都在各种各样的建筑中学习和生活，每时每刻都在享受着建筑带给我们的遮蔽和便利，但你知道最初的建筑是什么样子吗？

穴居与巢居是中国最原始的两种人工营造的居住形式。

在北方黄河流域，四季干燥少雨，冬天气候寒冷。祖先们发现洞穴是最适宜居住的地方。起初人们都在寻找天然洞穴，后来天然洞穴不够用了，人们便开始自己挖洞，这就是现代所定义的"穴居"。在今天的黄土高原和西北地区，仍然有很多人住在窑洞里，这就是古代"穴居"方式的延续。不过今天的窑洞远比古代洞穴更先进、更讲究。

由最初的穴居开始，先民们逐渐意识到无须完全挖至地下，只需挖一个坑，在上面搭一个茅草棚便可以遮风避雨。后来人们发现坑也无须挖太深，只需在浅坑周围用泥土石头垒高一点，再在上面盖上茅棚，便可以达到山洞级别的遮挡效果，这便是更高级的"半穴居"。再后来人们发现根本无须向地下挖，直接在四周垒砌墙壁加盖屋顶便可以居住，这就是早期的地面建筑。这是一个"穴居——半穴居——

穴居—半穴居—地面建筑

地面建筑"的发展过程。考古发掘有力证实了这一理论，最为典型的是陕西西安半坡遗址，遗址中的个别建筑向地下挖深一部分，再在周围筑起土墙壁。其中最重要的建筑已经不向地下深挖，而是直接垒筑墙壁。这就是一个由半穴居向地面建筑发展过程中的实例。

在中国南方的长江流域，四季潮湿多雨，夏季气候炎热。山地多，林木茂密，满地虫蛇，人们无法在洞穴中居住。于是树上成为居住的最好选择。挑选一棵大树，在树杈上用树枝和木棍搭一个平台，上面用茅草加盖一个顶，再用树枝藤条绑扎一个梯子供人上下。这就是现代所定义的"巢居"。

巢居

随着祖先生活经验的积累，他们逐渐发现比找一棵合适的大树更为简便的做法：借用相互靠近的几棵小树，在树腰间绑扎一个平台，加盖一个茅草顶便可以居住。后来人们又发现，无须找靠近的小树，从别处把树砍下，在地上树立几根桩柱，在上面架平台再搭房屋，这就是一个典型现代定义中的"干栏式建筑"。这种下层架空、上层居人的建筑有效地解决了南方气候给建筑带来的挑战。所以在南方很多地区，尤其是西南山区，例如云贵川赣，以及湖南的湘西，至今仍在大量使用干栏式建筑。

干栏式建筑一般为全木结构，木柱、木屋架、木板墙壁、木地板。随着建筑技术的发展，南方地区木构建筑的防潮防腐技术今非昔比，人们早已无须将建筑底层架空，于是建筑开始完全落到地面上。这是一个"巢居——干栏式建筑——地面建筑"的发展过程。这一发展过程同样得到了考古发掘的有力证实。浙江余姚的河姆渡遗址便是从"巢居"发展到"干栏式建筑"过程中一种早期的、原始的干栏式建筑遗址。

浙江余姚的河姆渡遗址干栏式建筑

2 建筑的类型

中国版图幅员辽阔，地势多变，气候复杂，各地建筑千差万别。古代建筑按其用途可以分为：宫殿、坛庙、宗教建筑、书院、会馆、民居、陵墓等。

宫殿

宫殿是中国历史上最宏伟的建筑。由于中国古代建筑文化中政治因素所占比重比较大，任何时期都是政治权利高于一切，因此代表皇权的宫殿建筑便成为中国古代建筑中最著名的一类建筑。

最初，"宫"和"殿"并不是皇帝专门使用的建筑，直到秦始皇统一中国以后，"宫殿"才成为历代王朝的皇帝所专用的建筑。例如秦朝阿房宫、汉朝未央宫、长乐宫、唐朝太极宫、大明宫、明清紫禁城等，都是中国历史上最伟大的宫殿建筑。大明宫更是世界上规模最大的宫殿群，相当于四个紫禁城、三个凡尔赛宫、十二个克里姆林宫、十三个卢浮宫那么大，是中国唐朝鼎盛时期的政治中心。可惜它们中的多数已经烟消云散，被淹没在历史长河之中。现如今唯一保存最完整的宫殿就是北京的故宫，又称紫禁城，是明清两朝 24 位皇帝的皇宫。

皇宫自古以来形成了严格的"前朝后寝""五门三朝""左祖右社"的规划制度。

"前朝后寝"，是指皇宫分为前后两个区域，前面的区域称为"朝"，是皇帝朝会群臣、处理政务的场所；后面的区域称为"寝"，是皇室及宫女太监等宫中人员居住生活的场所。

"五门三朝"，其中"五门"指皇宫宫殿前要有连续五座大门，"三朝"指皇帝的朝堂要有三座。今天北京故宫中相应的五门就是前门、天安门、端门、午门、太和门，三朝是故宫中的三大殿——太和殿、中和殿、保和殿，这三座殿堂分别有不同的功能。太和殿是皇帝朝会文武百官和举行重大典礼仪式的地方；中和殿是皇帝举行重大典礼之前临时休息的地方，有时也在这里处理一般朝政，每届科举考试，皇帝亲自主考状元的殿试也在这里举行；保和殿是皇帝会见个别朝臣、处理日常朝政的场所。这里最重要的是太和殿，它是皇宫中最重要的殿堂，皇帝的登基大典必须在这里举行，太和殿里的皇帝宝座就是最高权力的象征。

"左祖右社"，是指皇宫的左边是祭祀祖宗的祖庙，右边是祭祀社稷的社稷坛。祭祖是中国历代相传的传统，祖先把祭祖宗的祖庙建在宫殿的左侧。"社"是土地之神，"稷"是五谷之神。中国古代以农业为主，皇帝祭祀社稷神以求风调雨顺、五谷丰登。在今天北京故宫的布局中我们还能完整地看到"左祖右社"的痕迹，天安门的东边是太庙（皇帝的祖庙叫太庙），天安门的西边是社稷坛。

这一系列皇宫规划制度的目的，是为突出政治因素，用建筑来表达社会政治观念。

眺望故宫全景

故宫

坛庙

坛庙是中国古代的祭祀建筑，分为"坛"和"庙"两类。坛是祭祀天、地、日、月、社稷、风雨雷电、山川河流等自然神灵的地方，例如天坛、地坛、日坛、月坛、社稷坛等。庙又可以称为祠，它祭祀的对象分为两种：第一种是供奉先贤名人，比如供奉孔夫子的文庙，以及关帝庙、屈子祠、司马迁祠、武侯祠、张飞庙等；第二种是供奉百姓先祖列宗的家庙、祠堂等。

坛

《礼记》中有"礼有五经、莫重于祭",说的是祭祀是中国礼仪中最重要的一部分,通过祭祀表达对自然的感恩,对祖先的纪念。

坛是中国古代主要用于祭祀天、地、社稷等自然神灵的圆形或方形的台型建筑。最初的祭祀场地是林中空地的土丘,渐渐发展为土筑的祭坛。例如西安天坛遗址是一个土筑的圆形坛台。

北京天坛是坛类建筑的典型代表,其中重要的建筑物是祭天的场所"圜丘"和孟春祈谷的场所"祈年殿"。天坛建造用了象征手法,主要表现在形、色、数三个方面。所谓形的象征,自古以来就有天圆地方的说法,因此天坛做成圆形以象征天,地坛做成方形以象征地;所谓色的象征,是一种很重要的象征手法,明朝时期,祈年殿有三层不同颜色的屋顶,最上面是蓝色、中间是绿色、最下面是黄色,蓝色象征天,绿色象征生命,黄色象征大地。清朝时期,祈年殿的三层屋顶被统一成一种颜色——蓝色;所谓"数"的象征,天坛中有很多"术数"的概念,阴阳五行中奇数为阳,偶数为阴,天坛中使用的数字全部是阳数,而且必须是阳数之极,即九。最典型的是天坛圜丘坛石块的排列,圆形坛台上面的所有石块成扇形放射式布局,第一圈是9块,第二圈是18块,第三圈是27块,以此类推,一直到第九圈是81块。这种排列方式充分体现了数的象征。天坛祈年殿中间有四根金柱,象征一年四季,外面两圈12根柱子,分别象征一年12个月和一天12个时辰,两圈柱子加起来是24,象征二十四个节气,全部柱子加起来一共有28根,代表天上二十八星宿,所有这些数字都是与天相关的。

社稷坛是另外一种非常重要的坛庙建筑,方形的坛台上用五种颜色的土壤填充,象征天下五方,东边青色、西边白色、南边赤色、北边黑色、中间黄色。这些都是坛类建筑象征手法的体现。

天坛圜丘坛

天坛祈年殿

天坛祈年殿内部

庙

祭祀人物的建筑称作庙或称为祠。

中国现存数量最多、最普遍的庙是祭祀孔子的孔庙或者文庙。由于统治者的重视和制度规定，文庙祭孔成为中国古代文化教育中一个不可或缺的重要组成部分。文庙建筑也成为中国古代文教建筑的一个最重要的类型。自从唐代规定办学必须祭孔以后，文庙开始向全国发展，宋代普及，并成为一种固定的制度，从总体布局到建筑的风格、造型、装饰，以至建筑的名称都是全国统一的。这些建筑的特点都和儒家思想、儒家文化有着直接的关系。儒家推崇"以礼治国"，礼仪祭祀和礼制等级是最重要的内容之一，因此孔庙、文庙建筑必须严格按照礼制等级建造。例如：孔庙、文庙建筑的屋顶必须是宫殿式样的重檐歇山式屋顶，北京太庙甚至采用了最高等级的重檐庑殿顶。此外文庙建筑一般都是红墙黄瓦的皇家色彩，就算是在偏僻的县城，也是如此。一个地方的文庙，一定是当地最高等级的建筑，因为它的建筑等级高于地方政府官署。

除此之外，还有一些祠庙建筑是为了纪念历史上著名人物的。比如湖南汨罗屈子祠纪念著名爱国诗人屈原；湖南永州的柳子庙纪念唐代著名的文学家柳宗元；山西解州的关帝庙纪念关云长等。

太庙（作者拍摄）

祠堂

汉族是一个具有强烈祖先崇拜意识的民族，祭祀祖宗是中国人自古以来的传统。早在三四千年前的商代就有了祭祀祖宗的仪式和专用建筑，即祠堂，也称家庙。

在中国古代宗法社会中，家是最重要的社会单位，往往一个村落生活着一个姓氏家族或者几个家族，村民多建立自己家族的祠堂祭祀祖先。因此，祠堂有非常重要的地位和作用。古人言，"齐家治国平天下"，人人治理好自己的家，才能建设好国家，天下才会太平。在一个家族中，一代代开枝散叶，家中长者过世，为了缅怀纪念祖先，便修建祠堂。祠堂是一个家族最重要的地方，家族的重要事情都必须到祠堂中去进行。例如家族有人结婚，必须到祠堂去举行婚礼；家族有人去世，必须到祠堂去举行丧礼；家族内部有重要事情，族长在祠堂召集族人共同商讨。这种做法表明了一种观念，即凡事"必告于先祖"，也是告诫后人不要忘记根本。很多家族祠堂的名称也都具有这种含义，例如"报本堂""敦本堂""叙伦堂"等。

祠堂是一个家族或姓氏的代表，它体现一个家族或姓氏在地方上的地位、势力、威信和荣誉。其规模大小、豪华程度，则取决于家族的财力。因此家族之间在修建祠堂时的相互攀比就成为不可避免的趋势。在这方面，广州的陈家祠达到了登峰造极的地步。它是广东省七十二县陈姓的总祠，集中的财力是其他祠堂难以企及的。其建筑规模、用材、装饰都是国内首屈一指的。从屋脊、墙头、墙面、梁枋构架、柱头、柱础、门窗、栏杆、台基、踏步等，凡能装饰的地方全部做满装饰。

在中国南方浙江、江西、安徽、广东、福建等地，保留了较多的祠堂建筑。

陈家祠

陈家祠精美的装饰

宗教建筑

佛寺

汉代以前，寺是招待宾客的处所。

东汉末年，随着佛教传到中国，佛教逐步被统治阶层认可，并开始小范围的发展。东汉时期，西域高僧来到洛阳宣传佛教，为了供养两位高僧，建造了中国第一座佛寺——白马寺。从此，"寺"就成了佛教专用名词。

佛教的建筑叫"寺""院""庵"。佛寺的选址与佛教修行的思想是相通的，常常选择在远离尘世的清幽之处，有"名山大川僧多占"的说法，例如山西五台山、四川峨眉山、安徽九华山、浙江普陀山等都是佛教的名山福地。

佛寺是佛教僧侣供奉佛像、舍利，进行宗教活动和居住的处所。后来随着佛教在中国的发展壮大，日益深入民间，寺院建筑的规模也逐渐扩张，小型寺院有两三间房屋，大型寺院有百余间甚至数百间房屋。

中国的早期佛寺受印度影响，以塔为中心。塔是佛教建筑的主体，一定处于佛寺中轴线上最显耀的位置，周围建以殿堂、僧舍。随着佛教的发展，塔的重要性逐渐减弱，原来由塔占据寺院中心位置，变成了塔殿并重。晋、唐以后，殿堂逐渐成为主要建筑，佛塔移于寺外或另建塔院，形成以大雄宝殿为中心的佛寺布局。

虽然佛教是从印度传入中国的，但佛寺建筑仍然保持着中国传统的样式。随着中国建筑的发展，不同时期的佛寺有着不同的风格。屹立一千多年的佛光寺东大殿与南禅寺大殿同为至今保存完好的罕见的

佛光寺东大殿

南禅寺大殿

唐代木构建筑，其殿宇规模较大、形制尊贵、斗栱的技巧运用纯熟、屋顶出檐深远，处处都展现出唐代雄奇的木结构精神。殿内多尊巨大的唐代原塑佛像以及珍贵的唐代壁画，也是中国艺术史上难得的瑰宝。除此之外，河北正定隆兴寺、福州华林寺大殿、宁波的保国寺大殿、辽代的河北蓟县独乐寺观音阁，都是中国历史上著名的佛寺建筑。

宫、观

中国道教建筑常以宫、观命名，是道士修炼和道教活动的场所。道教是佛教传入中国以后，仿照佛教的形式而创造出来的，从东汉以后三国时期的天平道起义时开始。道教门派众多，如武当派、龙门派、崆峒派、青城派等。道教修炼需要安静，不受外界干扰，大部分道教徒为了避开嘈杂的环境，纷纷跑到深山老林中去修道。因此，道观多选择在名山大川建造，如湖北武当山、四川青城山等。

道教推崇"天人合一"，认为了解天象有助于得道成仙。所谓"观"是观星望月之意，所以常建于山顶，充分利用自然环境和地势，亭台楼阁高低错落，别有洞天。

中国历史上现存最著名的道教建筑是山西芮城的永乐宫，无论是建筑的外观造型，还是建筑的营建技术，都是元代建筑的典型代表，在道教建筑中具有重要意义。永乐宫内的壁画艺术是中国美术史上的艺术珍品。另外，北京白云观、苏州玄妙观等都是道教建筑的代表。

北京白云观（作者拍摄）

苏州玄妙观（作者拍摄）

塔

佛塔最早是用来供奉和安置舍利、经文和各种法物的。关于它的来历有不同说法，一种说法是佛陀在世时，有一位孤独长者就已开始建造佛塔，用以供养佛陀的头发、指甲，来表达人们对佛陀的崇敬。另外一种说法是佛陀涅槃后才建造，用作安置佛骨舍利。塔，梵文音译"窣堵婆"（Stupa），巴利文音译"塔婆"（Thupo），别音"兜婆"或称"浮屠"。佛教最初传入中国时，塔的中文译作"聚""高显""方坟""圆冢""灵庙"等，另有"舍利塔""七宝塔"等异称。隋唐时，将译名统一为"塔"，并沿用至今。

早期，这种"窣堵婆"随着佛教一起传入中国，然而这种建筑样式不太符合中国人的习惯，难以被人们接受。于是中国人按照自己的理解将塔建造成多层的中国楼阁建筑形式，同时将印度的"窣堵婆"缩小置于塔顶，这就是我们今天看到的塔顶上的"塔刹"。

在长期的发展过程中，塔与中国本土的建筑形式及社会需求不断融合，在本土化过程中产生了多种变形。中国佛塔建筑从造型上大体上分为五类：楼阁式塔、密檐式塔、单层塔、喇嘛塔、金刚宝座塔。

楼阁式塔　是中国古塔中最普遍的一类，也是塔的类型中最中国化的一类。塔原为宗教膜拜的对象，在中国化的过程中，慢慢增加了登临功能，使之可以登高望远。楼阁式塔一般建到五层、七层，甚至九层及以上。楼阁式塔内部各层供有佛像，有楼梯盘旋而上，可供人登临远眺风景。楼阁式塔往往都建在高处，成为一个地方的标志性的建筑。

中国现存最早的木塔是山西应县佛宫寺的辽代木塔，保存十分完整，也是唯一一座木结构楼阁式塔。木材造塔十分困难，对木材需求量较大，而且既不防水也不防火，容易被腐蚀破坏，因此现存古老的木塔较少。

西安的大雁塔是唐代楼阁式塔中最主要的代表，塔身是方形平面，

应县木塔（作者拍摄）

唐以后方形平面的塔非常少见，都是多边形平面，以八边形平面为多。但在江苏一些地方，直到明代还有做方塔的习惯。除此之外，还有江苏常熟方塔、苏州市的报恩寺塔、杭州六和塔等。

塔的造型还受到其结构形式的影响。楼阁式塔一般有木结构、砖石结构、砖木混合结构等。砖石塔往往都有很厚的墙壁，内部空间很小，楼梯都是沿着厚墙壁盘旋而上，很少有悬挑出去的外走廊，不少砖石塔甚至是实心塔。砖石结构的塔多在外表面用砖石模仿木结构的构件，做出梁、柱、斗的形象。

密檐式塔 特点是层层屋檐紧密相叠（故称为"密檐式"）。与楼阁式塔最大的不同是屋檐叠涩出挑极为密集，每一层塔檐之间空隙极小，密闭且不设窗洞。墙壁上只能做一些小佛龛，远不够一层楼的高度。所以一般密檐式塔都是实心的，不能进人，更不能攀登。密檐式塔是

河南嵩山嵩岳寺塔（作者拍摄）

天宁寺塔（作者拍摄）

一种佛教的装饰性建筑，在塔身外壁做雕刻装饰，在各层屋檐之间做小佛龛，供奉佛像。

最著名的密檐式塔是河南登封嵩岳寺塔，它是中国保存下来的最早的砖石结构塔，建于北魏时期，至今已有1500多年。洛阳齐云塔是洛阳地上现存最早的古建筑，也是中原地区为数不多的金代建筑遗存之一。齐云塔具有唐宋时期密檐式塔的特征，采用了仿木结构的做法。北京市西城区天宁寺塔据考证是辽代建筑，也是北京城区现存最古老的地上建筑。天宁寺塔是使用砖石模仿木结构的典型代表，其塔身的斗栱等构建均为仿木结构，仅为建筑立面装饰。此外西安小雁塔、辽阳白塔都是密檐式塔。

单层塔　造型由三段组成。即塔顶、塔身、塔基。与密檐式塔不同的是，单层塔只有一层屋檐，而且其造型也富于变化。在中国古塔的五种类型中，单层塔的造型是最丰富多变的。塔顶可以做成屋顶状，也可以做成其他形状。塔身和密檐式塔的塔身一样，也是壁柱和墙壁，墙上做神龛，塔基通常也为须弥座。单层塔大多是实心塔，不能进人，极少数单层塔，虽然内部有很小的空间，也不是供人活动的，只是为了建造佛龛用以供奉佛像。山东济南的神通寺四门塔，是单层塔中体量较大的。

山东济南的神通寺四门塔

单层塔和密檐式塔大多数都是佛教僧侣的墓塔。佛教僧侣的坟墓不同于一般人，不是封土坟堆，而是建一座塔。有的寺庙旁边不远处有一片塔林，即为寺庙墓地，塔林中大

少林寺（塔林）

大小小的密檐式塔和单层塔就是僧侣们的坟墓。墓塔的高低大小常代表了墓主的地位高低。

喇嘛塔 属于藏传佛教建筑，源于古印度的覆钵式塔，主要用于供奉高僧遗骨舍利。因此，喇嘛塔通常为宗教膜拜的对象，为实心构造。喇嘛塔塔身为宝瓶状，上有华盖，塔身做尖券形佛龛，内供佛像，宝瓶下做须弥座。塔体通常涂白色，所以人们常称之为"白塔"。喇嘛塔和金刚宝座塔都是藏传佛教（俗称"喇嘛教"）建筑，具有藏式建筑的风格和造型特征。藏传佛教在内地的流传主要分布在西藏、四川、云南、北京、河北、山西、内蒙古等地。

北京西城区妙应寺白塔是中国现存最早、最大的一座藏式佛塔。该塔是元世祖忽必烈定都大都后，为供奉释迦舍利，聘请尼泊尔工匠大师阿尼哥所建。

北京北海白塔位于北海琼华岛，现存建筑为清代重建，是当年燕京八景之一的"琼岛春阴"。北海白塔与妙应寺白塔形制相似，塔前有一座小殿，名"善因殿"，为仿木琉璃建筑。

四川省甘孜州色达县城白塔、四川省甘孜州朱倭村白塔、四川省甘孜州色达五明佛学院白塔也是非常有代表性的喇嘛塔。

北京妙应寺白塔（作者拍摄）

四川甘孜州色达五明佛学院白塔（作者拍摄）

金刚宝座塔　造型比较特别，下部是巨大的方形台座，叫"金刚宝座"，台座前有大门，可进入内部。台座外墙分为多层，每层排列很多小佛龛，每个佛龛中供一尊佛像。宝座上有五座小塔，中央一座较大，四个角上各有一座比较小的塔。

在湖北襄阳有一座较为特别的金刚宝座塔——广德寺多宝塔，其下部的金刚宝座不是方形，而是八边形。另外宝座顶上的五座小塔也造型各异，中央为一座喇嘛塔，四座小塔则为六角形密檐式塔。此造型全国独一无二，极为宝贵。

湖北襄阳广德寺多宝塔（作者拍摄）

山西大同云冈石窟

石窟

石窟是一种外来的、特殊的佛教建筑。石窟建筑来自于印度，最初是一种凿在山崖石壁上、叫作"支提"的窟洞，供僧侣们修行和居住。传到中国后变成了一种专供礼佛朝拜的场所。著名的石窟有甘肃敦煌石窟、山西大同云冈石窟、河南洛阳龙门石窟、新疆克孜尔石窟、甘肃麦积山石窟等。

河南洛阳龙门石窟

书院

中国古代的学校分为官办和民办两类。官办的叫作"学宫"，民办的叫作"书院"。

学宫按照地区的等级划分成府学、州学、县学，相当于今天的省市县各级的学校，这些都属于政府官办。这类官办学校必须要祭祀先圣先师，因此古代的学宫旁边都建有文庙。今天全国各地的文庙和孔庙基本上都是古代官办学校的所在地。

民办的书院分为两类，一类是研究性质的书院，相当于今天的大学、研究院。另一类是启蒙性质的书院，相当于今天的中小学。不论是哪一类，都体现了儒家的教育方式和教育思想。

中国古代著名的四大书院，其中应天书院（今河南商丘睢阳区南湖畔）、岳麓书院（今湖南长沙岳麓山脚下）、白鹿书院（今江西九江庐山）三大书院无争议。然而嵩阳书院（今河南郑州登封嵩山）与石鼓书院（湖南衡阳石鼓山）至今仍有争议。

中国古代书院特别注重建筑的环境和选址，古人理想的读书场所是茂林密竹、环境清幽的山林，这里远离尘世，心灵安静。因此，凡是研究高深学问的书院常常选在风景优美的名胜之地，例如湖南的岳麓书院选在长沙的岳麓山脚下，江西白鹿洞书院选在著名的庐山脚下，河南嵩阳书院选在中岳嵩山脚下。书院建筑的这种选址源于儒家的教育思想和教育方法。儒家的教育思想中一个重要的方面就是美育，即通过艺术和审美陶冶人的情操，使之成为有文明教养的高尚之人。可见，书院的教学方式、教育思想和建筑是紧密结合的。

书院作为一种教育机构，一般由三部分组成：讲学部分、藏书部

岳麓书院大门远景（作者拍摄）

江西白鹿洞书院

分、祭祀部分。讲学部分以讲堂为中心；藏书部分即藏书楼；祭祀部分，一般书院中虽然没有完整的文庙，但也有祭祀孔子的殿堂。

除此之外，每个书院有自己独特的祠庙，用来纪念该书院历史上的著名人物，书院中的这类祠庙叫"专祠"。所谓专祠，就是专门纪念某些人的祠庙。例如湖南岳麓书院的六君子堂，祭祀的是历史上为书院建设和发展做出过贡献的六位人物。

会馆

会馆是中国古代社会后期出现的一种新的建筑类型，它是商业经济发展的产物。中国古代一直实行鼓励发展农业、抑制商业发展的政策。直到宋朝，商业经济才得以兴起，并在元、明、清时期大规模发展。随着商业的发展，导致了会馆建筑的出现。

会馆分为两类：行业性会馆和地域性会馆。行业性会馆由同行业的商人们集资兴建，用于方便同行之间往来办事、协调关系之用，例如盐业会馆、布业会馆、钱业会馆等。地域性会馆由旅居外地的同乡共同建造，例如江西会馆、福建会馆、湖南会馆、山西会馆、广东会馆等。

会馆建筑多以庙宇的形式出现。例如，行业会馆有祭祀行业祖师爷的殿堂。泥木建筑行业以鲁班为祖师，所以泥木行业的会馆都叫"鲁班殿"；药材行业祭祀药王孙思邈，所以药材行业的会馆多叫"孙祖殿"等。山西、陕西商人在全国各地建的会馆都修建有关帝庙敬关公；福建人信奉妈祖，福建人在全国各地建的会馆都叫"天后宫"（"天后"即妈祖）。这些都是民间信仰在会馆建筑中的充分体现。

会馆建筑中还有一类特殊的建筑——戏台，它是供大家休闲娱乐

而建造的。会馆中的戏台一般都做得非常华丽，雕梁画栋。著名的会馆建筑有北京湖广会馆、天津广东会馆、四川自贡西秦会馆、宁波安庆会馆、重庆湖广会馆等。

重庆湖广会馆戏台（作者拍摄）

民居

中国地域广袤，民族众多，古代民居最大的特点是具有显著的地域特色。各地的民居从建筑的平面布局组合、建筑造型、结构构造、细部装饰等，都有着明显的地域特征。不仅一个省和一个省不同，甚至一个省内各个地方也不相同。这些差异的产生除了地理气候、环境、生产生活方式的原因，还有历史、宗教、民族等原因。

北方气候寒冷、干燥少雨，需要多争取阳光。因此北方的四合院，建筑围绕在正方形或长方形的院落周围，院中栽种植物、摆放石桌石凳供人活动。建筑屋顶、墙壁砌得比较厚重，灰瓦青砖、土墙土壁、屋檐平直，房屋整体显得坚固耐久、稳重大方。南方气候炎热、潮湿多雨，民居以高深的天井为中心，狭小闭塞，天井供采光通风，不能供人活动。例如徽州民居，四周高墙围护，外面几乎看不到瓦，唯以

北方四合院

狭长的天井采光、通风，雨天落下的雨水从四面屋顶流入天井，俗称"四水归堂"。青瓦、白墙是徽州建筑的突出特点，给人一种轻快的美感。错落有致的马头墙不仅造型美，更重要的是有防火、阻断火灾蔓延的实用功能。

西北黄土高原地区，极度干旱少雨而又寒冷，今天仍然延续着窑洞的居住方式，一些地方依旧采用地坑窑洞的居住方式，这是因为窑洞冬暖夏凉，不需要考虑防雨防潮的问题。

相反，西南山区贵州、云南、四川、广西以及湖南的湘西，山地多、平地少、山林茂密、气候炎热、空气潮湿，仍然延续着古老的干栏式民居，底层架空，人居楼上，凉爽通风而又防潮。这些都是因为地理气候的原因而造成的地域性特征。

南方天井

徽州民居（作者拍摄）

陵墓

　　陵墓指帝王、诸侯的坟墓，其中皇家陵墓尤为特别。皇家陵墓要建一个地下宫殿，地宫的建造发展了中国古代的砖石拱券技术。这是中国建筑的重要成就。中国古代帝王在登基大典之后，往往不惜人力、物力修建巨大的陵墓，目的是为了提倡"厚葬以明孝"，同时也为了维护世袭的皇位和皇朝。不仅是帝王、诸侯，就连普通百姓对墓葬都十分重视，这是因为在中国古代，人们相信人死后在阴间仍然可以过与阳世相同的生活。帝王、诸侯的陵墓称为"陵"或"陵寝"，普通百姓乃至官僚贵族的坟就称"墓"。

　　规模最大、最壮观的秦始皇陵，建在一个巨大的方形土台之上，土台边长 300 多米，残高 80 多米。秦始皇陵有内外两重城垣，内城墙周长 2.5 公里，外城墙周长 6 公里，至今没有挖掘。据司马迁《史记》记载，秦始皇陵是一个半球形穹窿地宫，珠宝钻石镶嵌在穹窿上，象征日月星辰，地面开挖沟渠，灌注水银，象征江河大地。在距秦始皇陵比较远的随葬坑中挖掘出了大量的秦始皇兵马俑，可以想象秦始皇陵极尽奢华、壮观的景象；北京十三陵中，万历皇帝的定陵，河北遵化清东陵中乾隆皇帝的裕陵、慈禧太后的慈禧陵等，都是中国古代陵墓的代表。

　　除了按照建筑用途与使用要求来分类外，按照建筑主要结构使用的材料，还可以将建筑分为木构建筑、砖石建筑、砖木混合建筑、石木混合建筑、生土建筑、竹构建筑等。此外，按照单体建筑类型，可以将建筑分为宫殿、厅堂、楼阁、塔、亭、廊、轩、榭等。

3 建筑的组成

从造型上看中国古代建筑，一般是由屋顶、屋身和台基三部分构成，这样的建筑称之为"三段式"。

屋顶

中国传统建筑中屋顶不仅在建筑中起着围护结构的作用，而且在建筑造型和彰显建筑等级方面起着重要的作用。

首先，屋顶是建筑顶面重要的围护结构构件，有了屋顶，才真正将室外与室内空间区别开来。同时屋顶可以起到遮阳、避雨、抵抗风雪侵袭的作用。中国南北差异较大，北方干旱少雨，建筑多用平屋顶；南方潮湿多雨，建筑多采用坡屋顶。雨水随着坡顶顺流，不会渗漏到房间里面，这样可以延长建筑的寿命。在坡屋顶上，常常用瓦片整齐严实地覆盖，瓦片往往用黏土烧制，还有用大片石头做成的石板瓦，在林木茂盛的地区，树皮也可以用来铺在屋顶之上。

其次，屋顶的形式、屋脊的做法、屋顶的瓦饰等均能反映出建筑的使用性质和建筑等级。中国古代建筑的屋顶样式非常丰富，变化多端，基本式样有庑殿、歇山、悬山、硬山、攒尖等五种，根据建筑等级要求分别选用。其中庑殿顶、歇山顶、攒尖顶又分为单檐（一个屋檐）和重檐（两个或两个以上屋檐）两种，歇山顶、悬山顶、硬山顶可衍生出卷棚顶。

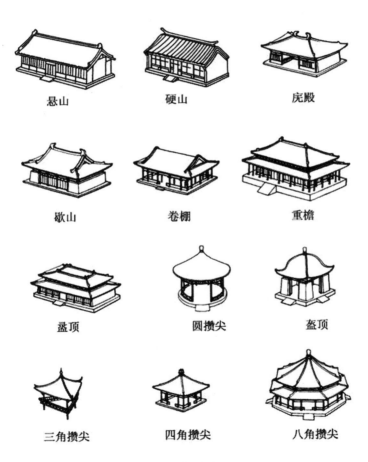

屋顶（李秋实绘。本书手绘图作者均为李秋实）

中国古建筑屋顶还是等级的象征。其等级高低依次为：庑殿顶、歇山顶、悬山顶、硬山顶。中国古代屋顶在礼制上有着极为严格的规定，等级不可逾越。

　　庑殿顶　由前、后、左、右四个坡面组成，因此又被称为"四阿顶"。前后两坡相交处为正脊，左右两坡有四条戗脊，因此使用庑殿顶的宫殿又称"五脊殿"。庑殿顶有重檐和单檐之分，重檐就是两个庑殿顶叠合在一起，因此它的等级地位比单檐庑殿顶更高。重檐庑殿顶是古建筑屋顶的最高等级，多用于庄重雄伟的皇宫大殿、太庙正殿、皇家寺庙。中国现存古建筑规模最大、等级最高的两座重檐庑殿顶建筑分别是故宫太和殿、北京太庙前殿。单檐庑殿顶多用于礼仪盛典及宗教建筑的偏殿或门堂等处，以示庄严肃穆，如北京天坛中的祈年门、山西大同华严寺大雄宝殿山门等。

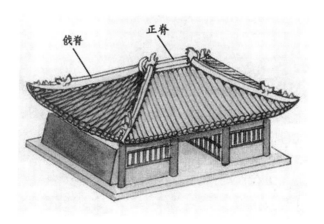

庑殿顶

天坛祈年殿祈年门

歇山顶 前、后、左、右四个坡，前后两坡为正坡，左右两坡为半坡，半坡以上的三角形区域为山花。歇山顶一共有九道脊，分别是一条正脊、四条垂脊和四条戗脊，因此又称"九脊顶"。重檐歇山顶等级仅次于重檐庑殿顶，多用于规格很高的殿堂中，如故宫的保和殿、太和门、天安门、钟楼、鼓楼等。单檐歇山顶

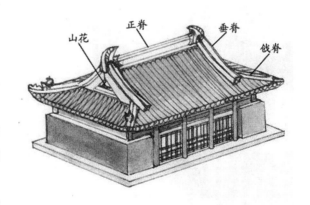

歇山顶

南禅寺大殿

故宫保和殿

应用非常广泛，皇宫中其他建筑、祠庙、坛社、寺观、衙署等殿堂都使用歇山屋顶，如山西五台山南禅寺大殿等。

悬山顶　前后共两个坡面，左右两端挑出山墙之外，并由下面伸出的桁（檩）承托。因其桁（檩）挑出山墙之外，清朝时期又称"挑山"、"出山"。在古代，悬山顶等级低于庑殿顶和歇山顶，仅高于硬山顶，只用于民间建筑。和硬山顶相比，悬山顶有利于防雨，而硬山顶有利于防火。

硬山顶 硬山顶与悬山顶类似，是由一条正脊、四条垂脊所组成，为双坡屋顶。与悬山顶所不同的是，硬山顶两端山墙升起高出屋顶，屋顶两端延伸至山墙为止，不悬出于山墙之外。硬山顶出现较晚，在宋《营造法式》中未有记载，只在明清以后出现在我国南方住宅建筑中。因其等级低，只能使用青板瓦，不能使用筒瓦、琉璃瓦，在皇家建筑及大型寺庙建筑中，没有硬山顶的存在，多用于附属建筑及民间建筑。常见于民居、宅第、祠堂、庙宇、书院、会馆等建筑。

少林寺天王殿（悬山顶）

山西王家大院（硬山顶）

中国南方在城市和村镇房屋密集的地方为了防火而做出的封火山墙便属于硬山顶，封火山墙的造型多样，是中国南方民间建筑最显著的特色之一。

故宫中和殿攒尖顶

攒尖顶 只有垂脊、没有正脊，应用于面积不大的楼、阁、塔等，平面多为正多边形或圆形。根据垂脊数量多少，分三角攒尖顶、四角攒尖顶、六角攒尖顶、八角攒尖顶等，此外还有圆形攒尖顶。攒尖顶有单檐、重檐之分。在较重要的建筑或等级较高的建筑中，极少使用攒尖顶，而故宫的中和殿、天坛内的祈年殿、皇穹宇、承

天坛皇穹宇

德外八庙（须弥福寿之庙）、西安鼓楼等却使用的是攒尖顶。中国园林中很多小型攒尖顶的亭子，主要作用是点缀景色，丰富院内的景观，例如颐和园的郭如亭、佛香阁等。

卷棚顶　卷棚顶与硬山、悬山顶最大的区别就是没有明显的正脊，两面坡屋顶在顶部自然相交形成弧形曲面，又称元宝顶，是古代汉族建筑的一种屋顶样式。整体看上去线条流畅、风格平缓，造型轻快秀丽，一般用于园林建筑。如颐和园中的谐趣园、承德避暑山庄宫殿建筑都采用了卷棚顶，以表现此为离宫，和正式宫廷相区分。在宫殿建筑中，太监、佣人等居住的边房，多为此顶。

无明显正脊

卷棚顶

盔顶　是攒尖顶的一种变形，盔顶的外形像古代将军的头盔。盔顶的是一段凸曲线，上半部向外凸出，下半部分向内凹。盔顶不同于其他屋顶形式，它的造型奇特有趣。由于它的外形独特，因此盔顶常常被用作重要的风景和纪念建筑。盔顶的代表建筑有湖南岳阳楼、四川云阳张飞庙等。

湖南岳阳楼（作者拍摄）

盝顶　屋顶上部为平顶，下部为四面坡或多面坡，是中国古代汉族传统建筑的一种屋顶样式。盝顶梁结构多用四柱，或者八柱。盝顶在金、元时期比较常用，元大都中很多房屋都为盝顶，明、清两代也

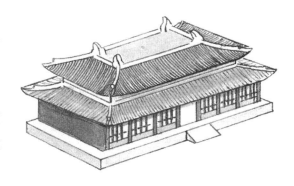

盝顶

有很多盝顶建筑。例如明代故宫的钦安殿、清代瀛台的翔鸾阁等。此外台北国父纪念堂也采用的是盝顶。盝顶也常用在帝王庙中的井亭顶口，顶部开口便于采光和清掏井内的污物。

台北国父纪念堂

屋身

屋身由柱网、斗栱、墙体组成。

木构架

木构架类似于今天的框架结构，柱网和屋架体系支撑着建筑上部的屋顶荷载，并将其传递给下部基础。

柱　网　柱子是中国古建筑中的垂直构件，柱子按照一定规律排列形成柱网，承托上方屋檐的重量，是建筑的承重部分。

柱子分类方法很多。按截面形状分为：方柱、圆柱、八菱形柱、六菱形柱等；按柱子的材质分为：木柱、石柱、砖柱等；按外形分为：直柱、梭柱等。按柱子的功能分为：檐柱、金柱、中柱、山柱、角柱等。

檐柱：位于建筑物最外一圈，支撑屋檐的柱子，也称廊柱。檐柱有石柱和木柱之分，断面有方形和圆形之分。

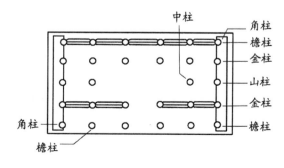

柱子名称

金柱：排在檐柱以内、中线以外的柱子称为金柱。金柱是除檐柱、中柱和山柱以外柱子的通称。

中柱：也称脊柱，在建筑物纵向中轴线上，支撑屋脊的柱子，但不包括建筑左右两侧山墙的柱子。

山柱：在硬山或悬山建筑的山墙内，支撑屋顶的柱子。

角柱：设置在建筑物四角的柱子，角柱在抗震构造等方面有特殊规定。

古代的建筑为了使柱子不受潮，在柱脚增添了一块石墩，使柱脚与地坪隔离，防止湿气腐蚀损害木柱。这种承受屋柱压力、又起到防潮作用的奠基石，称作柱础石，又称磉盘。凡是古代木构架建筑，可谓柱石皆有，缺一不可。柱础有埋于地下和凸出地面两种。凸出地面的柱础，有的增加了雕刻处理，有的未经处理就是一个方形石墩。随着不断发展，柱础样式渐多，雕刻纹样也更多，有动物纹、莲花纹、龙纹、凤纹、鱼纹、水纹、花草纹等。

柱子在各个时期既有延续继承，也有发展和变化。例如：方柱最早出现在秦代，汉代在方柱的基础上增加了八角形柱，唐代中期以后极少使用方柱，唐宋时代大多为圆柱和八角柱。此外柱子的称谓在不同时期也有不同的称呼，如瓜柱在宋代时称为"蜀柱""侏儒柱"，明代以后称为"瓜柱"。瓜柱即一些短小的柱子，这些短柱不是置于地基之上，而是置于梁架之上，承托上方物件的重量，再把这重量通过梁架，传递至主柱之上，因此称作瓜柱。

屋架 是中国传统木结构建筑中的一种骨架。一般在柱间上部用梁和矮柱重叠组成，用以支撑屋顶檩条。梁也叫作"桁"，宋则称之为"栿"，是古建筑的主要木作构件，是按进深方向连贯两柱间的横木，是房屋中承受重量的水平大木。梁的截面可以是圆形的，也可以是矩形的。

在宋式建筑中，显露在外，一眼能看见的梁，称为明栿；被天花板遮蔽，无法看见的梁，称为草栿。从外观上来说，梁分为直梁和月梁（在南方地区，人们把直梁稍加弯曲，加工成月牙形，故称之为"月梁"）。梁头的形状在宋元时期常用蚂蚱形状，在清代则多用卷云或挑尖形。根据梁的长度及位置不同，梁也有很多称谓，比如乳栿、平梁、搭牵等。

九架梁、七架梁、五架梁：在清式建筑中，梁的称谓多由每榀梁架所承托的檩数来决定的，例如承托九条檩子的梁为九架梁，依次还有七架梁、五架梁、三架梁。这种梁架的特点是在柱顶或柱网上，沿

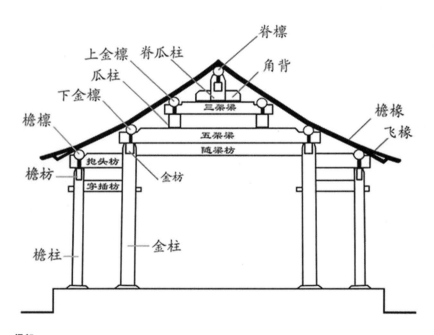

梁架

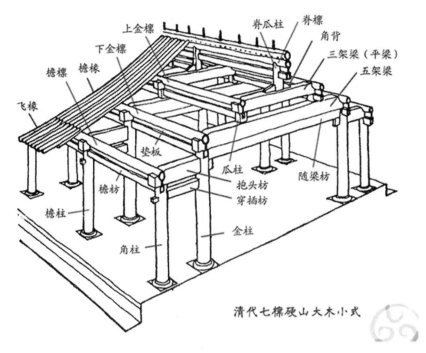

飞椽 檐檩 檐椽 下金檩 上金檩 脊瓜柱 脊檩 角背 三架梁（平梁） 五架梁

垫板 瓜柱 抱头枋 穿插枋 随梁枋

檐枋 檐柱 金柱 角柱

清代七檩硬山大木小式

梁架

房屋进深方向架数层叠架的梁，梁逐层缩短，层间垫短柱或木块，最
上层梁中间立小柱或三角撑，形成三角形屋架。相邻屋架间，在各层
梁的两端和最上层梁中间小柱（脊瓜柱）上架檩，檩间架椽，构成双
坡顶房屋的空间骨架。这种木结构建筑形式，在中国北方地区比较常
见，室内少柱甚至无柱，空间大。在宫殿、庙宇、寺院等大型建筑中
普遍采用，是中国木构架建筑的代表。因为在立柱上架梁，且梁上又
抬梁，这种梁架被称为"抬梁式"屋架，或"叠梁式"屋架。

除此之外，中国古代建筑的屋架结构形式还有穿斗式、井干式、伞架式和斜梁式等几种，其中主要的是抬梁式和穿斗式两种。

斗栱

斗栱是中国建筑特有的结构构件，是中国古建筑的灵魂，它常常出现在柱顶额枋之上、檐下或梁架檩枋之间。在传递荷载、增加外檐出挑、装饰屋身、过渡衔接屋檐和屋身方面起着重要的作用。斗栱层层出挑的结构方式，使坚固的建筑有了柔韧和风度。斗栱早在秦汉时期就已经基本成形，发展到唐代达到极盛，唐代建筑的主要特征之一就是斗栱硕大。到宋代，斗栱的结构形式已经完全成熟，并开始走向衰落，斗栱的体量开始变小，其结构作用开始减弱，装饰作用加强。到了清代，斗栱的体量已经缩到最小，结构作用也减到最小，几乎变成了纯粹的装饰构件。斗栱从大逐渐变小，从结构构件逐渐变成装饰构件，这一变化过程是判别唐代以后各朝各代建筑的特征标志之一。

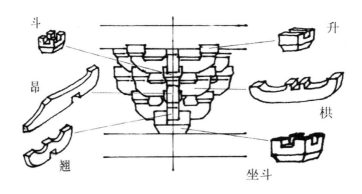

斗栱的构成

佛光寺东大殿斗栱（作者拍摄）

　　"斗"指的是斗形木垫块，"栱"是弓形的短木。斗栱不是一个单独构件，而是一组构件，由方形的斗和升、弓形的栱、斜向的昂组合而成，用于柱顶、屋檐之间，与立柱及相关梁架构成整体。斗栱向上承托屋顶的重量，向下将重量传递到立柱再至台基，向外则可悬挑，加大屋顶的出檐，向内能缩短梁枋跨度，减少梁枋所受的拉力和张力。它解决了垂直和水平两种构件之间的重力过渡，是中式传统木构架建筑体系中独有的支承构件。每一组斗栱称之为一攒，每攒斗栱又有几十个不同的小构件，每个构件的名称随时代变迁产生了不同叫法，甚为复杂，但其主要构件不过斗、栱、升、昂、翘等。

　　斗栱名称也受时代的影响，主要有宋式和清式两大体系，前者称之为"铺作"，后者称之为"科"。位于柱子顶部的叫柱头斗栱，宋代《营造法式》称之为"柱头铺作"，清代《工部工程做法则例》中称之为"柱头科"；处在两根柱子之间的横枋上的柱间斗栱，在宋代称为"补间铺作"，清代叫"平身科"；处在转角处的柱子上的转角斗栱，宋代叫"转角铺作"，清代叫"角科"。

　　早期建筑斗栱不仅承载着装饰效果，其结构在建筑力学方面也有重要作用，到了晚期，斗栱则逐渐沦为夸耀等级、凸显华丽的装饰，斗栱数量越多、越密集，建筑就越显得华丽。如佛光寺东大殿斗栱、平遥文庙斗栱、平遥城隍庙斗栱等。另外，南方有一种特殊的"如意斗栱"做法，栱与栱成45度交叉，互相交织，在整个檐下连成一片，形成一个整体，而不是一组一组的个体，外观上显得很华丽。

如意斗栱

墙体

墙体是中国古建筑中的围护与分隔构件。在中国古建筑木结构体系中，墙体本身并不承受上部梁架及屋顶荷载，所以有"房倒屋不塌"之说。墙体虽然不承重，但在稳定柱网、提高建筑抗震刚度方面起着重要的作用。同时墙体的耐火性能较好，在建筑防火方面也起着重要作用。中国古建筑外墙墙体材料主要有土、石、砖等，内墙墙体除了土、石、砖，还可用其他材料建造，如木板墙、编竹夹泥墙等。

基础、台基

除了屋顶和屋身，基础和台基也是中国古建筑中不可或缺的重要部分。

基础是建筑结构构成部分，它位于墙柱下面，用来承担整个建筑的荷载并传递至下部地基。台基是围护和装饰部分，它将基础包裹在内，形成建筑的基座。台基在中国古建筑中的使用不仅历史悠久，而且范围十分广泛，上自宫殿、下至民宅，都可以见到它的身影。台基从实用性的角度看，可以防水避潮、稳固屋基，从美学角度看，可以扩大体量，避免大屋顶建筑在视觉上产生头重脚轻的失衡感。

最早的台基是夯土分层夯筑的。在中国建筑发展的早期，从先秦直到东汉，一直都流行高台建筑，即把宫殿建在很高的台基之上，例如春秋时期楚灵王的章华台、东汉曹操的铜雀台等。发展到后来，出现了砖石砌成的台基。

其中须弥座台基是宫殿、坛庙建筑常用的形式。须弥座台基源于佛像底座，后来用于台基，在唐宋时期就已经流行于高级殿堂建筑中。宋代须弥座处于砖仿木的显著期，其形式源于木须弥座的形式特点。

清朝须弥座的石构造更加趋于合理完善，将普通台基和须弥座台基重叠复合，形成了复合型台基。例如北京故宫太和殿台基、北京天坛的台基就是外形华丽、工艺精巧的须弥座复合台基。这种台基用于比较重要的宫殿或坛庙建筑，整体反映出石基座的敦实和庄重。

此外，通往上下台基的阶梯称为台阶，又称踏道，通常有阶梯形踏道和坡道形踏道两种类型。故宫太和殿前有多道踏道，其居中踏道位于正中间，称为御路，不作阶级，以石版雕刻龙、凤、云、水等纹饰。

在台基边沿或踏道两侧有带扶手的围护结构，竖木为栏，横木为杆，故名"栏杆"。栏杆起安全防护、分隔空间、装饰台基的作用。

故宫太和殿台基

故宫太和殿踏道

北京太庙石栏杆

二 建筑怎么建造？

1 谁来建造房屋?

中国古代没有今天意义上的建筑学,而是把建造建筑的技术叫作"营造法"。中国的营造法与西方建筑学相比较,不同之处在于没有系统的设计原理和设计方法,只有经验性的法式和规范;没有科学的绘图方法,只有工匠手绘大致的草图;没有科学的结构力学计算,只是凭匠人的经验来确定结构强度的尺度。同时,中国古代没有建筑师,只有工匠。所有的建筑都是由工匠来实现其设计意图。然而在中国文明史上,以木结构为特点的中国古代建筑,在数千年的历史发展中,取得了很高的技术和艺术成就,成为一种重要的建筑体系,在世界建筑之林中独树一帜。中国古代精巧的建筑技艺和匠人精神是我们当今建筑业需要保持和传承的。

中国人一方面把建筑看作是一种实用技术,另一方面又把建筑当作身份地位的象征。统治者以建筑来表达权力和威严,通过宏大的体量和豪华的装饰来表达社会身份;平民百姓则以建筑来体现财富,用修建新房作为成家立业、光宗耀祖的标志。在古代,修建一栋建筑往往需要耗费大量人力、物力、财力和时间。

一座完整的建筑是由哪些人建造起来的呢？

风水先生

在中国古代，无论皇宫还是民宅，或其他的建筑如坛庙、佛寺、书院、陵墓等，其选址、朝向、方位都非常重要，都要讲究"风水"。

"风水"，是中国古代的相地之术，古称堪舆术，是与中国古代建筑直接相关的一种思想、观念和理论，它源于中国古代的哲学思想。风水观念所关注的是人与自然的关系，是一种研究环境与宇宙规律的哲学，与阴阳五行的哲学思想有着密切的关系。

从古人对于人与自然关系的认识来看，风水思想大体上可分为两大类：一类是物质因素，即与人的生活息息相关的居住环境；另一类则是带有神秘色彩的，人们至今无法解释的事物。

第一类风水思想在中国古代村落选址中比比皆是。古代村落选址讲究背山面水，村落常常选在背后有靠山的场地，村落前面要有一条像腰带一样围绕着村落的水体。值得注意的是村落不会建在反弓水一侧，因为反弓水会侵蚀土地，这对村落十分不利。此外，建筑的最佳朝向是坐北朝南。风水思想中的这些内容与我们今天的环境科学和景观艺术是相吻合的，都是考虑到人的健康和环境的审美需求。中国大部分地区夏季盛行东南季风、冬季盛行西北季风。在夏日，微风带来村前河水的清凉，降低了炎炎夏日的热量；冬季，宅后的山体阻挡了寒风的侵袭，缓解了冬季的严寒。同时根据太阳东升西落，建筑坐北朝南，在南侧、东侧大面积开窗，有利于全年均可获得最充足的光照，满足了人们舒适的生活要求。

第二类风水思想带有一定的神秘色彩，直至今天仍然有很多人深信不疑。例如，中国古人常说祖坟修建得好就会子孙发达、当官发财等，因此在阴宅、阳宅的选址上分析地势方位，择定最佳位置，主张因地制宜、隐形择穴、观察龙脉等。

既然风水如此重要，那么由谁来完成如此重任呢？那就是专业的风水师。风水先生又叫地理先生、阴阳先生、堪舆师，主要从事相地、择吉的工作，通常地位比较高。历史上的诸多国师名将除了精通治国良策之外，都对风水略懂一二。如三国时期的诸葛亮、明朝的开国元勋刘伯温等。风水先生利用罗盘能够算出建筑最佳的地理位置与朝向。罗盘中的"四象"又称"四灵"，是中国古代传说中的四种灵兽，为青龙、白虎、朱雀、玄武，来源于古人按东、南、西、北把天空分为四个部分，将各个部分中的七个主要星宿连线依照其呈现的形状来命名四个方向，又称"四象"，就是我们现在所熟知的"左青龙，右白虎，前朱雀，后玄武"。

在中国古代，要兴建一个新城，首先是按风水思想来选择基址。如果基址的东边有流水，谓之青龙，西边有长道谓之白虎，南边有水池谓之朱雀，北边有山丘谓之玄武，这便是最佳的地理环境。当然，在现实自然中真要选到这样的地形是极其困难的，于是人们便通过适当改变自然地形来达到目的。例如在屋后堆起一座小山，在屋前开辟一个水池，或者在并没有真正得到这种自然地形的情况下，通过取名字的方式来得到一种心理安慰，这种事例在中国历史上比比皆是。在都城规划中，人们经常把南边的大道叫作"朱雀大道"，把南边的大门取名"朱雀门"，北面的大门则叫"玄武门"等。可见青龙、白虎、朱雀、玄武"四灵"的观念在中国古代的风水中影响深远，至今仍被人们广泛沿用。

除此之外，新城的基址最好选择地势南低北高的高台，城市后部依山为最佳，达到前低后高、四平八稳、四象对称，这样祈求城市顺风顺水、风调雨顺。城市的四面要对称，不要有空缺的部位。一侧有山，另一侧必定有水，如有一方空缺时，要建造一座塔来弥补。如东北角缺山，古时叫作"后空"，地方官员会在那个地方建造一座塔，常建"文峰塔"，一来调整城市的风水，二来可以祈求当地能出人才。所以古时在全国各县城文峰塔非常普遍，例如山西河津振风塔就是由此而来。

说到中国古代的建筑风水，不能不提到一本书——《鲁班经》，它是一本民间建筑匠师的业务用书，全名叫《工师雕断正式鲁班木经匠家镜》，简称《鲁班经匠家镜》。一般人可能认为这是一本关于民间建筑工艺技术方面的书籍，其实不然，这本书的很大一部分内容是关于风水的论述。这其中尤以"鲁班尺"最为著名。鲁班尺是过去传统工匠必备的一件工具，然而鲁班尺并不是我们常人所想象的作为度量衡用来丈量长短尺寸的尺子，它的刻度不是尺、寸、分，更不是米、厘米、毫米，而是"财、病、离、义、官、劫、害、本"，用来丈量吉凶祸福。每一把鲁班尺的长度相当于普通尺子的 1.44 倍。按字面意思理解，尺上的"财、义、官、吉"四字为吉，"病、离、劫、害"四字为凶。根据主人身份和建筑用途的不同，尺寸的尾数要落在相应的字上才算吉利。《鲁班经》中记载了押韵易记的鲁班尺用法诗文，教人判断吉凶。

中国古代的风水思想中有很多神秘的因素，不能用科学的理论来解释。但它却又实实在在地影响着中国人的思想观念，尤其在建筑这一领域，它成了中国古代建筑文化的一个重要组成部分。

工匠

选址完成后，便由工匠开始建造。中国古代没有建筑师，只有工匠。工匠有别于建筑师，他们不懂建筑理论，也不知道建筑风格、流派、思潮。

但是他们有实践经验，通过亲自动手建造房屋，常在细微之处有巧妙的构思。工匠需要具有一定的文化水平，需要掌握一些基本的常识，例如"前后老檐柱、上下金脊枋、东西南北向、穿插抱头梁"。有了这 20 个字，木匠可以在构件的相应位置标记题记，确定构件朝向哪个方向，然后确定如何组装。当然也有少数工匠既拥有长期的实践经验，又具有了一定的思想理论，可以上升到设计师的水平，这种情况在中国古代也是常有的，例如清朝皇家匠师"样式雷"就属于这一类。

样式雷是中国建筑历史上一个神秘的家族，这个家族为清朝主持建筑营造事务，从康熙到光绪，前后经历 8 代 200 多年。中国建筑史上流传着这么一句话"一家样式雷，半部建筑史"。从第一代样式雷雷发达开始，前后经历了八代传人，历经 260 年的岁月，样式雷始终在皇家样式房行使掌案之职，是皇上的御用首席建筑设计师。雷氏家族参与建造的皇家建筑众多，圆明园、颐和园、景山、天坛、北海、中南海，乃至北京城外的避暑山庄、清东陵、清西陵，这些多半已成为世界文化遗产的著名建筑，都是出自雷家之手。

传说康熙中叶，紫禁城要进行大规模的扩建，前三殿的宫城更是重中之重。在太和殿上梁之日，康熙亲自观礼。只见大梁举起，却被榫卯卡住落不下去，雷发达爬上大梁，哐哐几斧子就使得大梁归位。

康熙大喜，任命雷发达为工部样式房的掌案。雷金玉是雷发达的长子，样式雷家族的第二代传人。从雷金玉开始，雷家真正进入了家族上升通道。雷金玉技艺高超，才思敏捷，康熙非常欣赏他，让他主持修建圆明园。在修建圆明园之前，雷金玉先制作了模型，在当时称作为"烫样"。模型的屋顶可以打开，内部的梁架结构、彩画样式、家具屏风都非常逼真，如微缩景观一般。后来样式雷家族的几代传人继续将雷氏祖业发扬光大。在中国乃至世界建筑史上，从没有一个家族参与过这么多皇家建筑的设计和建造，时间跨越两个世纪，几乎一座城市都是他们建造的。

样式雷家族虽然逐渐没落，但是留下的大量图档和烫样，是研究中国古建筑历史的第一手资料。

工匠的传统工艺是中国古代建筑营建技术的灵魂。在清代，建筑工匠有"五行八作"之说，五行是瓦、木、油、石、土，八作是瓦、木、石、扎、土、油漆、彩画、糊。

瓦匠　瓦作排在第一位，因为瓦匠是第一个进入现场，负责抄平等基础做法，也是最后一个离开现场的，需要在铺瓦完毕后才能离开。瓦作有句谚语是"齐不齐，一把泥"，意思是灰浆的调配是瓦作中最重要的工序。瓦匠负责与泥水、灰浆有关的所有工作，如打地基、砌墙、墁地、铺瓦、粉墙、打灶等。只有瓦匠将灰浆调配完毕，其他的工序才能在建筑上施用。瓦作常用的工具有瓦刀、抹子、灰板、墩锤等，除此之外，平尺、方尺、扒尺常用于检查砖面是否平直。

木匠　中国古代大部分建筑都是木结构，木作分为"大木作"与"小木作"两类。匠人分别称为"大木匠"与"小木匠"。大木作是中国木结构建筑中的框架结构，由柱、梁、枋、檩等构件组成，不同的柱、梁、枋、檩的搭配组合决定了木构架建筑不同的尺度和形体外观。因此大木匠负责的工作是搭设框架结构、制作斗栱、竖立屋架等工序。清工部《工程做法》中将小木作称为"装饰作",包括门、窗、隔断、栏杆、天花、藻井、墙板、地板及外檐装饰等。小木匠负责这些构件的制作和装饰。

中国古代大木匠备受尊敬,地位类似于现代的总工程师,负责房屋的整体设计、造价估算和各工种协调安排、统筹管理等工作。春秋战国之交,鲁国有一个叫公输般的工匠,心灵手巧,擅造宫室台榭,有多项杰出的发明创造,人称"巧圣仙师"。他就是后人所熟知的"鲁班",被人们尊称为木匠行业的祖师爷。为了纪念和感谢他的付出与贡献,当今中国建筑行业的最高奖项也是以"鲁班"命名的。关于他的传说很多,据说木匠做工常用的工具,如曲尺、墨斗、锯子、刨子、钻子、凿子等,都是鲁班发明的。除此之外,他还发明了铲子,加工粮食用的石磨、碾子,攻城用的云梯和水战用的钩强等。以上传说我们无从考证,但木匠行业的传统——每次开工前都会举行祭拜鲁班先师的仪式,祈求工程顺利,可见鲁班的影响力之大。

中国古代建筑使用的木材都是由树木加工而成的。从一棵原生的大树到建造时所用的构件,要经过伐木、解木、平木、穿剔等步骤。木马是木匠工作的平台,由三段圆木交叉组合成一个稳固的架子,其作用是搭放各种需要加工的木料。木匠进场第一步工作就是做木马,木马做好后木匠才能工作,通常这个过程被称作"起工架马"。随后慢慢演变成了开工仪式的一部分。其他的木作工具还有斧、锯、刨子、刮子、凿、钻等。

此外,测量工具是建造房屋过程中必不可少的,而古人也在建造过程中发明了许多延续至今的工具。"规"就是现代圆规的祖先,两者的原理和使用方法基本一样;"矩"与现在的曲尺类似;悬绳是一

木作工具

种精密仪器，匠人用它来观察建筑墙体的垂直度；水准器则可以测水平，确定建筑的基准面及各部分的高程关系；墨斗，又称绳墨，用来现场放线，确定平面和垂直面上的施工基准线，确保墙、柱的规整。

油漆匠　油漆匠的基本工作，是对木构件做油灰地仗处理，以及单色的油饰。清代的木材都采用拼接料，木料用铁箍固定拼接，为了遮盖拼接痕迹，需要做比较厚的地仗，因此对油漆匠的工艺要求比较高。

除此之外，还有彩画匠和裱糊匠来负责室内的装饰工作。彩画匠，常被叫作"先生"，往往穿着长袍大褂，绘制藻井、斗栱、门楣、梁柱以及外檐处的彩画或者绘制佛像。彩画匠往往采用沥粉贴金的工艺，将胶和土粉混合成的膏状物装进尖端有孔的管子内，按彩画图案描出隆起的花纹，再在上面涂胶，然后贴以金箔，以求图案有立体感。这种古老的民间制作工艺早在盛唐时期就已广泛被采用。裱糊匠，负责室内墙面裱糊的工作，四白落地，裱糊纸张，纸张可以是高丽纸、印花纸等。

石匠 关于工匠的谚语有"长木匠，短铁匠，不长不短是石匠"。还有一个关于木匠的谚语是"差一寸不用问，差一尺正合适，差一丈用得上"。意思是大木匠制作的构件尺寸稍有差次，并不影响组装和使用。铁匠敲到钉子时短了，敲打几下可以变长。唯独石匠需要把握尺寸，制作的石料不能长也不能短，不能有任何差错。

石匠负责打造建房所用的噪石、石柱、石础、石勒脚、台基、天井、旗杆石、抱鼓石等，一切和石头有关的活计就靠他们了。中国幅员辽阔，不同地区石材种类多样，颜色、花纹、结构等都不相同。石材的软硬程度不一，加工的难易程度也不一样。古时候乡土民居一般就地取材，选用当地的石料进行加工。如四川地区红砂岩产量较大，结构松散，便于雕刻，常被用来做建筑材料，但其弊端就是很容易风化，不能长久保存。

石作常用的工具有鉴子、楔子、扁子、刀子、锤子、斧子、剁斧、哈子、垛子、无齿锯、磨头及各种尺子、墨斗等。石料加工的手法有劈、截、凿、扁光、打道、刺点、砸花锤、剁斧、锯、磨光等。

石作工具

　　土　匠　　土匠的工作是基础处理，通过打夯，夯实基础。夯土就是
将松散的土质压实的过程。操作过程比较简单，反复提起重物砸下，将
土一层一层逐步砸实。由于提起重物通常需要多人协作，夯实过程会有
工作号子，由一人领唱，众人附和。号子有固定的节奏，有些歌词也是
固定的。伴随号子的节奏，众人合力操作工具，整齐划一，既可以提高
效率，又可以活跃气氛，排遣劳作中的枯燥。基础处理好了，其他的工
匠才能施作。土作常用的夯土工具有夯、硪、拐子、铁拍子、搂耙等。

　　夯，是最主要的夯筑工具，多采用硬度和韧度都恰到好处的榆木
制成，其作用就是将松散的土进行夯实。根据夯的形状和夯底的大小，
可分为大夯、小夯和雁别翅三种。操作时的人数也不一样，分别为 4 人、
2 人和 1 人执夯操作。

硪，由熟铁或石头制成，其作用也是夯实松散的土质，只是构造和操作上与夯不同，靠多人合力操作，按重量可分为 8 人硪、16 人硪和 24 人硪等。

土作工具

　　拐子，即小些的夯，用来补漏。夯和硪工作过后，夯实过的土地，依然有圆形底面无法覆盖平整的地方，就需要用拐子进行修补。最后用搂耙将虚铺的灰土摊平。在地基施工过程中，人的双脚也可夯实基础，这个过程的行话称为"纳虚踩盘"。打地基时还有一道"落水"的工序，就是洒水。洒水洇湿底层的灰土，一是为了避免夯实过程中的扬尘，二是使其中的石灰充分熟化，起到硬化地面的作用。

　　瓦、木、油、石、土这五作各作有各作的讲究，通过工匠对工艺的精益求精、反复实践、总结经验，最终目的是使建造的各个工序配合得更加合理。

2 建造房屋的步骤

常言道"教会徒弟，饿死师傅"，中国古代建筑匠人掌握的专业技艺轻易不会外传。由于保密的需要，再加上过去的工匠大多识字少，手艺的传承主要靠师徒间的口传心授，以简单的抄本在少数匠人中流传。

与西方不同，中国掌握文化知识的士大夫一族将建筑视作匠人的技术，而非一门值得研究与鉴赏的艺术，故极少有人著书论述。中国古代关于建筑设计和施工建造类的书籍、专著基本分为两类，一类是由政府颁布强制执行的建筑制度、法规、规范，主要有《考工记》《营造法式》和《工程做法则例》三部；另一类是民间工匠技术经验的总结，如《木经》《鲁班经》等。

宋代初期木匠喻皓写了三卷《木经》，书中对建筑整体及各构件的比例、尺寸有详细的论述。然而此书失传已久，只在沈括的《梦溪笔谈》中留有简略的记载。此后李诫在《木经》的基础上编制《营造法式》一书，于宋崇宁二年（1103 年）刊行全国。这是北宋官方颁布的一部关于建筑设计与施工设计的规范。此书对各级房屋的建造实行严格的工料限定，以杜绝腐败贪污。《营造法式》总结了大量建造房屋的技术经验，采用了"材""分""契"的模数制。清工部《工程做法》刊行于雍正十二年（1734 年），是清代官式建筑通行的标准设计规范。与《营造法式》《工程做法》所记载的官式建筑做法相对的，是以《鲁班经》为代表的民间匠师业务用书。

根据以上几部中国古代建筑设计和施工建造的书籍记载，建造房屋需要经过以下几个步骤：画起屋样、起造伐木、起工破土、动土平基、定磉扇架、竖柱、上梁、铺瓦、木装修等工序。每步工序都需要择定吉日进行，避免冲煞。

下面以著名的山西五台山佛光寺东大殿为例，来详细讲解建造房屋的步骤。

佛光寺坐落于山西五台山，东大殿是佛光寺的正殿，在全寺最后一重院落中，位置最高。相传建于北魏孝文帝时期，目前寺内留存的建造于北魏的祖师塔，是全寺最古老的建筑，具有很高价值。7 世纪唐代高僧的传记中，曾多次提到这座兴旺的寺院，但唐武宗会昌五年（845）灭佛后，五台山多处寺院被毁，佛光寺也未能幸免于难。目前所存的佛光寺东大殿是由女弟子宁公遇施资、愿诚和尚主持、在原弥勒大阁的旧址上于唐大中十一年（857）重建的。1937 年，正在研究中国古代建筑的梁思成和林徽因无意中看到了一本画册《敦煌石窟图录》，根据里面的一幅唐代壁画"五台山图"，发现了位于五台山五台县的佛光寺东大殿，才使这座封存已久的唐代建筑公之于世。

现在让我们假设时光倒流，回到唐代，看看这座巍然矗立的佛光寺东大殿是怎么建造的。

画起屋样

　　画起屋样，顾名思义就是勘察地形，设计图纸，绘制总平面图及建筑平面图。

　　佛光寺的东、南、北三面环山，唯有西向顺应坡地比较疏阔，因此佛寺各殿都建在西向山腰处，分置于三个不同高度的平台上。古松相伴的东大殿，位居寺内最东端的高台。此地后侧紧邻山壁，平台空地狭小局促，可见当时施工难度巨大。经验丰富的大木匠根据场地条件和寺庙僧人的要求，利用唐尺（唐尺是一种刻有度量单位的尺子），画了大殿的设计图。佛光寺东大殿有七个开间，明间宽 5.04 米，其余接近 5 米，尽间 4.4 米，通面阔 34.07 米，进深八椽，每椽水平长 2.19 ~ 2.23 米，通进深 17.66 米。

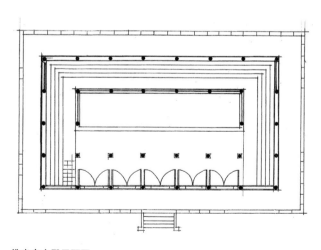

佛光寺大殿平面图

大殿平面呈长方形,由"外槽"及"内槽"大小两圈方盒状柱列组成。内槽柱形成一组完整的矩形柱列,外槽柱围绕在内槽柱外,也形成一组矩形柱列。这两组矩形柱列之间,对应的柱端用梁和斗栱连接,形成了由内、外两圈柱列及其连接构件组成的空间结构体。这种构造在《营造法式》中称"金厢斗底槽",是唐代宫殿和佛寺主殿通常使用的一种形式。这种形式可以获得较大、较宽敞的内部空间,提供庄严隆重的中心活动场所。

起造伐木

设计图纸绘制完成后,经验丰富的大木匠遵循设计图纸,写出所需木材的尺寸和数量,开始进入收集木材的阶段。

工匠在五台山木材丰富的地方设置了加工木材的地方,开始伐木。工匠为了不冲犯太岁,会挑选吉日伐木,所砍伐的树木宜取单数。伐木工匠站在平坦的地方伐木,砍下的木料堆放也不可触犯禁忌,样样马虎不得。

古代匠人很重视合理选用木料,要求有计划地定料开锯。先取大料,然后把剩下的木料,按照尺寸锯作其他适合的构件用料。佛光寺东大殿的柱子,需要收集直径接近 1.5 米的大树。砍下来的圆木大部分都被钉入楔子劈成两半。原因是木材的中心部分直接用来做柱子容易开裂,为了避免这种情况发生,把原木劈成两半使用。被切割的木材因为纤维被切断,更容易干燥。切割后的木材用板斧慢慢削切制成方形木材。经过这样的加工过程,木材原料将会减少到原来的1/4大小,这样可以更轻松地将原材料搬运到现场。加工成方形的木材,在路上的时间可以充分地干燥,会弯的地方能提前看出来,这样在现场进行

起造伐木

加工的时候就会更加轻松。

起工架马

　　木材运到建筑施工现场后，木匠进场第一步工作就是制作木马，木匠架起木马后，准备开工备料。起工架马同样也需要挑选吉利的日子开工。依照祖宗的规矩，木材构件的加工也是有顺序的，依照"先低后高、先下后上"的顺序进行。木料加工中的重要程序比如"画柱绳墨""齐柱脚""开柱眼"三个步骤也都要择吉日进行。

　　在建筑现场开工仪式举行之后，会有大木匠开始上墨，木匠会在

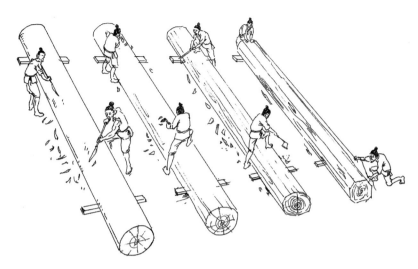

起工架马

方形木材上直接用朱墨按照设计图纸进行标记。在这个阶段，木匠会根据自己多年的经验来判断木材的特性，从而确定木材的使用方式。比如用做柱子的木材，要以它生长时的上方为上，生长时的南侧面向建筑物的外侧。之后，根据木匠所画的墨线将木材切削成各种构件。

　　佛光寺东大殿采用的是圆柱，这种圆形的柱子是用方形木材制作而成。首先，将方形木材切成八角形断面，接下来用斧子削掉棱角，将它变为十六边形断面。最后，进一步削去木材的棱角将其加工成圆柱，再用刨子进行最后的收尾。由此可见佛光寺东大殿的设计十分用心。

　　佛光寺东大殿的柱子采用了卷杀的做法，即柱子的上部和下部稍细，柱子下端往上三分之一的位置最粗。为什么会对柱子进行卷杀处理呢？虽说柱子越粗建筑物越稳定，但柱子太粗会破坏建筑整体的和谐。建筑立面的柱子是吸引人们视线最重要的组成部分，木匠将粗大柱子的上方做得更细，与柱头上方放置的部件取得大小的平衡。柱子下方也做得细一些，使柱子本身的形状显得更加纤细协调。这种有收分（又叫"收溜"，指圆柱根部略粗、顶部略细的做法）的柱子在古希腊的神殿中也能见到。

动土平基

动土平基指开挖土方、平整场地、夯实地基的工作。

开工前要举行求神仪式，祈祷工程顺利。建筑地基是指建筑物基础以下的部分，承受全部建筑物重量的土层或者岩石。在进行基础工程之前，必须对地质、地层进行勘察。

中国古建筑地基处理一般比较简单，主要是原土夯实。通过打夯，夯实基础。夯土是将松散的土质进行压实的过程，操作过程比较简单，反复提起重物砸下，将土一层一层逐步砸实。当遇到软弱地基时，常采用换土法或密实加固法。换土法是将基础底面一定深度范围内的软弱土层换成无侵蚀性、低压缩性散体材料分层夯实。如山西五台山南禅寺大殿、河北正定兴隆寺转轮藏殿都是在柱础下局部换土。北京故宫北上门的基础则是换成大面积的碎砖黏土层，构成了一个完整地基，它的稳定性和承载力是非常安全可靠的。

地基处理完毕后，开始建造基础。基础是建筑物地下结构部分，它承受并传递着建筑物的压力，是保证建筑物稳定的重要部分。中国古代建筑基础的类型有夯土基础、碎砖基础、灰土基础、天然石基础和桩基础等。

定磉扇架

定磉扇架是指夯实地基、安放柱础石的过程。

建筑屋顶铺设了大量用土烧制的瓦和铺瓦时使用的灰泥，为了支撑屋顶的重量，建筑物的构件就会加粗加大，随着建筑构件的增多，建筑结构也就更加复杂。所以柱子下部必须要使用坚固的石头（柱础石）来支承整个建筑的重量。

在修建佛光寺东大殿的基础时，先挖去表面的土壤，露出天然的

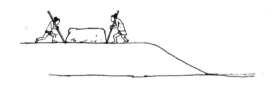

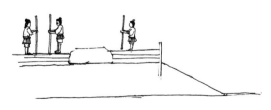

定磉扇架

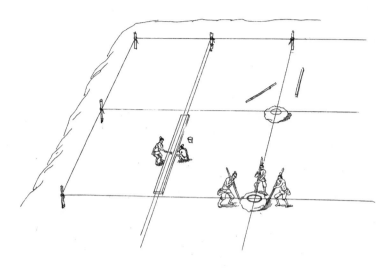

定磉扇架

坚硬岩石，在其上方用重复夯土的方法建造基础。当基础达到一半高度的时候停止施工，将柱础石运到基础上方并放置在事先定好的位置。柱础石各式各样，从直径一米左右到直径两米左右都有。佛光寺东大殿在基础上按照柱子的位置安置了四排柱础，前两排为唐代常用的覆盆式莲花柱础，造型十分优美，佛坛后面的柱础则是依靠山势整体砍凿天然石块而成，乃顺应地形之作。

　　建造过程中，为了确认水平，工匠们使用了水准器。这种水准器是在厚木板上挖出一条沟，在沟里注入水，来求得木板的水平，根据木板来拉水平线。在这根线上方按一定高度再拉一根水平线，由多根水平线做参照，也可作为垂直方向的基准线。

　　柱础石安放完成后，在基础周边围一圈木板，其内部继续夯土。施工中，不断夯筑土壤的同时注意打实柱础周围的土壤，最终完成建筑基础的施工。

竖柱

　　竖柱，顾名思义就是立起柱子、搭起框架的过程。

　　在立柱之前，会在基础上方用圆木搭建脚手架。脚手架是直接在地面挖洞将细柱插入土中，然后在脚手架上绑上绳子，立起第一根柱子。此时将进行"竖柱"仪式。此后，更多的柱子被依次立起。

　　古时候人们确定水平线的方法也非常有智慧。在基础的上面打桩，沿水平方向拉线，让线垂直相交指示柱子的中心位置。根据线的交叉点将柱础石放置在确定好的地方。虽然说起来简单，但是实际操作非常困难。新的柱础石放置好之后再进行最后的加工。为了确认柱子垂直，将会使用铅锤。基石的高度和柱子的长度各不相同，所以柱子顶点高度也不尽相同，为了使柱子一样高，会使用锯子对柱子进行进一步的加工。

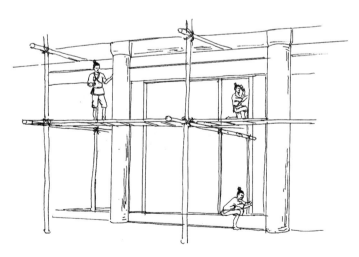

竖柱

接下来，使用枋将相邻柱子的顶端连接起来。枋与梁一样是置于柱间或柱顶的横木，和梁所处的高度相差不多。梁是置于柱头或一端入柱的主要承重结构构件，枋是柱间不起承重作用的联系结构构件。术、梁、枋等主要构件以榫卯相吻合，构成富有弹性的木结构框架。这种榫卯结构，需要不断地调整（增减）一方甚至两方的连接部件，使其紧密契合。

上梁

立柱完成以后，开始架梁。佛光寺东大殿的结构采用柱身等高的"殿堂造"，是木构架中最高级的做法。

所谓"殿堂造"就是所有柱子大体等高，自下而上依次为柱网层、铺作层、屋架层。佛光寺东大殿所有的圆柱高度都是 5 米，顶部等齐而立，高度为直径的 8～9 倍，相当壮硕。分布在额枋上的斗栱多层出跳，

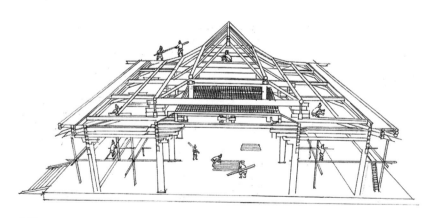

上梁

逐层加高，形成整体的铺作层。铺作层和屋架层的建造过程中，需要将梁架、斗栱、檩条、大叉手等构件拼装成一个整体。

佛光寺东大殿的斗栱是典型的唐代建筑做法，它有以下几个特点：第一，斗栱雄大，斗栱的高度超过柱高的一半。经测量，斗栱断面尺寸为210厘米乘以300厘米，是晚清斗栱断面的10倍；其次，东大殿檐口出挑到3.96米，这在宋以后的木结构建筑中是找不到的；最后，佛光寺东大殿斗栱种类比较复杂，外槽檐口的柱头斗栱、转角处为使屋角起翘的转角斗栱、两柱之间的补间斗栱、内槽柱头上的斗栱各不相同。

唐代时期，斗栱样式已经趋于统一，栱的高度成了梁、枋比例的基本尺度。这种基本尺度逐渐发展成为周密的模数制，即宋代《营造法式》中所说的"材"。《营造法式》中提出的模数制叫"材分制"，即以"材"作为建筑的模数。"材分八等"，以建筑规模大小和等级高低来决定采用几等材，一旦材被确定了，建筑的其他各种构件的尺寸都用多少个"材"来计算。例如柱子的高度是多少个材，直径是多少个材；梁的长度是多少个材，高度、宽度是多少个材，等等。营造建筑时要先根据其类型定"材"的等级，其他相关构件以"材"为标准决定。

内槽柱头斗栱

外槽檐口柱头斗栱与柱间斗栱

转角斗栱

这样可以估算工料，进行预制加工，提高施工速度。清代斗栱仍然保留了建筑模数制度，不同于宋代的"材"，清代用"斗口"作为模数。所谓斗口，即座斗上架设栱的开口宽度，也就是栱的宽度。一旦斗口决定了，建筑其他构件和其他部位的尺寸都由多少个斗口来计算。

《鲁班经》中记载的"大梁"实际上是明间的脊檩，是木构架中最高的一根横木，又叫"正梁"或"栋梁"，常被用来比喻能担当国家重任的人才。民间认为它对房主的运势、祸福有着重要的影响，是最重要的一根构件。因此"上梁"也是整个建房过程中最重要的一步，要举行极其隆重的仪式，以保证建筑日后使用稳固结实。佛光寺东大殿的脊檩以"大叉手"或称"人字叉手"固定，与南禅寺大殿的做法如出一辙，反映了唐代木结构的特色。使用大叉手而不用短柱是唐代建筑的特点，唐代以后的建筑，宋辽时期既用短柱也用叉手，明清时期只用短柱不再用叉手。

铺瓦

屋架施工完成后，接下来便是铺瓦的工序。铺瓦是从四角方向安装角梁和角椽开始的。

角梁位于建筑转角位置，挑檐檩之上、金檩之下，倾斜向下撑起翼角的斜梁结构，从平面位置来看呈 45° 斜置。老角梁在下面，仔角梁在上面，正因为角梁是支撑屋顶转角处广大面积的重要构件，所以使用了比较粗的方形木材。

角椽是位于建筑屋檐转角部分的构件。古代工匠发明了中国传统建筑特有的飞檐造型，使屋檐稍稍上翻构成曲线。在檐角处还加大了

角梁和角椽

翻曲的程度，成为一个美丽的翼角（翼角是中国古代建筑屋檐的转角部分，因向上翘起，舒展如鸟翼而得名，主要用在屋顶相邻两坡屋檐之间）。

椽俗称椽子，是密集排列在檩条上，并与檩条正交的木条，椽子的走向基本与其下方梁的方向一样，且与枋和檩条相交。（梁、椽、檩的关系参见 46 页和 47 页梁架图）椽子沿着建筑屋顶的坡面铺设，椽的大小长短与枋、檩条一样，都要依据建筑体量的需要而定。在一座建筑物中，椽子一般比枋、檩条要细，这主要是因为椽子的位置在枋、檩条之上，排列得比较密集，如果体量过大，会增加下面构架的负荷，不利于建筑整体的稳固性。椽子前端会放上被称作连檐的构件，连檐由多条木料首尾相接而成，翼角部位的连檐还需使用绳索、缥棍把它缥成缓和的曲线。佛光寺东大殿的角椽排列方式是所谓"斜列式"，从结构看，其角梁、椽尾与"平行式"无异，皆是大角梁梁身开槽，椽尾扣搭在槽内，但是翼角从正身椽开始，便用斜列方式铺设角椽，即每根角椽的椽头皆向大角梁方向外斜，且最末一根抬到与角梁齐平，这种角椽逐渐外斜上翘的做法比平行布椽受力更合理，更安全。中国古建筑的角椽还有另外一种排列方式，将屋顶四角的椽子排成扇形，如鸟翼的羽毛，所有的椽子都能伸进檩条，这种构造做法更加合理。

　　椽子固定完成后，在其上铺设木板，最后就只剩铺瓦了。东大殿的屋顶比较平缓，用每块长50厘米、宽30厘米、厚2厘米多的青瓦铺就。殿顶脊兽用黄色、绿色琉璃烧制，造型生动，色泽鲜艳。

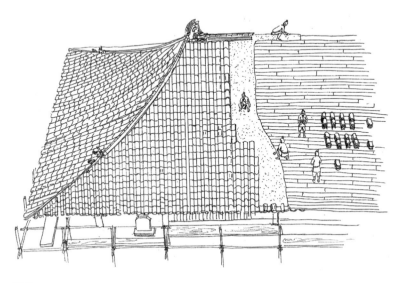

铺瓦

中国古建筑的屋顶由瓦片组合成巨大的曲面，能够经受长久岁月的风雨考验，使整个建筑得以完好保存。中国古建筑的屋面技术（即铺瓦工程）不仅体现在宫殿、寺庙等官式建筑的琉璃瓦屋顶上，民间建筑广泛采用的陶瓦屋顶也凝聚着因地制宜的许多成功经验。

木装修

建筑的木装修，就像现在的装修一样分为"硬装"和"软装"。硬装是安装门扇、窗扇、室内隔断、天花、栏杆、门楣、挂落等木构件；软装是彩画和漆作等装饰。

佛光寺东大殿，面宽七间，进深四间。中间五个开间的外墙是厚实的板门，与殿内龛台宽度相配。左右两个开间的外墙采用槛墙，增强结构的稳固性，并开设直棂窗，这些都是唐代的典型做法。殿内的木结构以格子状天花板为界，下方为视觉焦点，必须是精雕细琢的明架，上面看不见的部分则为结构性强、略作砍琢的草架。

"软装"即彩画和漆作。工匠先依照原画绘制底稿，在其背面涂上红色颜料，将这些底稿用动物胶贴在用白色颜料打底的墙面上，用笔沿着底稿的线画一遍，这样就会在墙面留下明确的线条，这就是拓图。工匠根据这些线条描绘画像的轮廓，然后进行上色。为了加强画像的立体感，加上了阴影和高光，最后再勾一次轮廓，便完成整张画像的绘制。这些画像使用的颜料是用矿物颜料制作的，矿物颜料色彩鲜艳且不易变色，使得这些壁画可以流传到后世。东大殿的墙壁上，有唐代壁画 10 余平方米，内容均为佛教故事，上千个人物，衣带飘动，体现了唐画的风韵。

经过这些工序，佛光寺东大殿便修建完成。这时必然选定吉日，举行盛大的"落庆供养"仪式。

佛光寺东大殿内槽的空间较高，外槽的空间较低。这是因为在一般的佛堂中，内槽是安放佛像的空间，外槽则是人礼佛使用的空间。佛台位于内槽柱间，占了殿内一半的面积，充分展现了唐代佛殿不以香客礼佛空间为重的观念。与后代禅宗寺院佛台退居后侧，前方留出宽敞空间之布局迥然相异。

佛光寺东大殿内的佛坛宽及五间，坛上有唐代彩塑 35 尊。其中，释迦牟尼佛、弥勒佛、阿弥陀佛、普贤菩萨、文殊菩萨及胁侍菩萨、金刚等塑像 33 尊，高度 9.5 ~ 5.3 米不等。另有两尊塑像，一尊是建殿施主宁公遇，一尊是建殿主持愿诚和尚。这两尊塑像虽比那 33 尊像小，形态却很生动。此外，大殿西侧和后部，还有明代塑造的罗汉像 296 尊。这些罗汉像原为 500 尊，1954 年因雨水冲蚀，被倒塌的后墙压坏了一部分。

屹立一千多年的佛光寺东大殿，与南禅寺大殿同为中国罕见的保存至今的唐代木构建筑。其殿宇规模较大、形制尊贵，斗栱的技巧运用纯熟，屋顶出檐深远，起伏平缓，处处都能展现唐代雄奇的木结构精神。殿内多尊巨大的唐代原塑佛像以及珍贵的唐代壁画，也是中国艺术史上难得的瑰宝。

壁画

佛像

三　中国古代建筑特征

1 中西方建筑传统的差异

中国建筑的发展历程与中国历史一样，几千年间历经多个朝代的更迭，见证了国土的分裂与统一，深受科学技术、艺术、宗教、社会哲学等因素的影响，最终呈现出跨越时代却又一脉相承的建筑风格。这种相对稳定的建筑文化赋予了中国古建筑独特的形象，与西方建筑之间有着显著差异。从捷克首都布拉格与山西王家大院的图景中，可以轻松识别出西方建筑与中国古建筑的不同。

当我们放眼世界，对法国、德国、英国等地建筑有更深入的了解之后，我们会知道，那些建筑不应仅笼统地归纳为"西方建筑"，它们反映各自时代与地域特征，有着不同设计风格。同样，中国古建筑也并非一模一样，既有极大的共性也有着丰富的个性特征。世界上历史最悠久的两个文明，分别是以中国为代表的东方文明和古代爱琴海文明。古代爱琴海文明最初是克里特—迈锡尼文明，后来又发展出古希腊罗马文明，最终成为整个西方世界的文化源头。在相当长的时间里，中西方建筑在相对封闭的系统内各自独立发展，很少有交流的机会，形成了形态迥异、个性差别极大的中西方建筑。中西方不同的文

山西王家大院（作者拍摄）

捷克首都布拉格（作者拍摄）

化背景，造就了具有不同特色的建筑，这种差异通常表现在建筑材料、建筑空间布局、建筑的形体审美等方面。

首先，中国传统建筑以木构建筑为主，传统西方建筑多为石构建筑。作为西方建筑代表的古希腊、罗马帝国，其建筑绝大多数以石材为主要材料。如拜占庭式建筑——圣索菲亚大教堂，其建筑特点是十字架横向与竖向长度差异较小，其交点上建造一个大型的圆穹顶，并把圆穹顶的重量落在四个独立的支柱上，这对欧洲建筑的发展是一大贡献。

其次，中西方的建筑空间布局存在很大差异。以相近年代建造、扩建的北京故宫和巴黎卢浮宫相比较，前者利用轴线将若干座单栋建筑组成庭院，再由若干个庭院组成气势宏伟的建筑群体。后者采用体量的向上扩展和垂直叠加，建筑空间布局向高空发展，展现巍然壮观的整体；除此之外，中国传统建筑是重重院落相套而构成规模巨大的建筑群，各种建筑沿着一条中轴无限地伸延，形成有格局、有秩序的群体组合，体现了中国古代社会结构形态的内向性特征、宗法思想和礼教制度。西方建筑尤其是以教堂、市政厅与剧院为代表的公共建筑通常有着较为复杂的平面与富于变化的建筑形象，形成了不同的建筑风格，反映了不同时代与地域的建筑特色。

再次，中国传统建筑特别注重线性美，讲究线条的宛转流动和节奏韵律，擅长以线造型、以线传情。例如在细节的雕琢上，中国古代的建筑在窗檐、门楣、屋脊上下足功夫，雕梁画栋、楹联匾额，富有中国传统特色。西方建筑讲究体积美，认为美的建筑是由明确的几何形体和几何比例关系以及确定的数量关系构成的，所以他们往往借助数的组合和几何形体来塑造建筑的形式美。罗马圣彼得大教堂，不论是平面形状、形体组合乃至细部处理都以集中简单的几何图形作为构图的依据，获得了高度的完整统一。

　　总之，中西方建筑文化的差异来源于不同的文化观念，也与生产生活方式、文化形态、艺术审美、思维方式等方面有关。中国传统美学重视现实人生，讲究人伦秩序，淡化宗教信仰。中国古代都城尤为强调礼制秩序，在建筑空间布局上，是礼制与皇权的投影。营造平民百姓的居所时，也都体现着这样的等级思想。然而，西方基督教神学是欧洲封建社会推崇的理论，教会成了社会的中心，从而导致西方文明对神的崇拜，对宗教的敬畏，深深地影响着他们的建筑艺术，以至形成突出建筑本体、风格多样变化、直指苍穹的艺术造型等个性特征。西方建筑具有个体崇高的美学特征。

　　这一章里，我们将从中国古建筑最显著的特征出发，去看看单体建筑有怎样的形态，具有哪些特点，又是怎样的结构将这些建筑支撑起来，得以长时间地矗立大地。在对这些建筑单体有更多了解之后，接下来再去看看这些建筑是如何组合在一起，形成较大规模建筑群，在这些古老建筑的背后隐藏着哪些社会文化、宗教、政治方面的意义。

2 单体建筑

中国文明一脉相承地延续了数千年，虽曾遭受多次外部的军事入侵文化影响，但始终是一个延续的整体。中国建筑以一种土生土长的构造体系佐证了这一历程。河南省安阳市殷墟发掘出距今3000多年前商代的宫室与墓葬及其地面房屋建筑遗迹。建筑学家梁思成曾指出，这些遗迹，包括黄土台基与木柱遗留的痕迹，揭示了一个历时千年的结构体系的基本特征：一个高起的台基，以木构梁架为骨架的建筑，一个外檐伸出的坡形屋顶。并指出这种支撑结构与围护结构分离的体系不影响人们开窗与筑墙，可以轻易地适应从热带到寒带的气候，具有高度的灵活性，因而遍及华夏文明所及之处。

大屋顶——中国古建筑的鲜明特征

中国古建筑由于其独特的木结构体系，产生了与西方建筑迥然不同的外部形态。建筑学家梁思成曾指出，中国殿堂建筑最引人注目的，就是外檐伸出的曲面屋顶。虽然坡屋顶的建筑形式广泛存在于世界各地，许多国家建筑的屋顶所占建筑比例也很大，但中国建筑屋顶独特的曲线与曲面、较为深远的出檐，形成了厚重却不失优雅的建筑形象。这种曲面大屋顶不仅使得中国建筑明显区别于西方建筑，还与东亚地区日本等国的建筑形成了有趣的差异。

中国古建筑的形象似乎很相似，大多以大屋顶覆盖着矩形室内空间为模式。然而当我们仔细观察不同的建筑时，可以发现虽然有一定程度的相似性，但那些建筑的屋顶既不是千篇一律，也并非一成不变。

首先，这些多种多样的形式不仅反映了建筑审美的多样性，更反映出中国建筑在不同的历史时期所具有的不同特征，以及在不同地区的丰富变化。

从时间角度来看，中国建筑的大屋顶有着悠久的历史，其初始形态至少可以追溯到两千年前的汉代。中国古人崇信人去世之后，仍然会在亡者的世界过着类似阳间的生活，因此应依照其生前的生活起居来建造陵墓的地上和地下建筑，并随葬其生前的生活用品。尤其在秦汉时期，厚葬之风盛行，王侯将相达官显贵们不惜耗费巨大的人力财力，营建陵寝地宫。汉代墓室中出土了大量画像石、画像砖以及陶制建筑模型。这些画像石与画像砖多角度描绘了汉代的市井生活，记录了汉代社会各阶层的人物形象与生活场景，自然也将这些生活所发生的场所一并记录了下来，使得我们在时隔千年之后仍能窥视当年的社会风貌与建筑形态。此外，汉墓中出土的陶楼是精美的陶制建筑模型。这些模型做工精细逼真，充分反映了汉代高超的建筑艺术，直观、立体地再现了汉代建筑的形态、结构，甚至建筑细部与装饰。从这些模型中我们可以看到，不仅建筑单体的基本形制已经出现，而且合院式布局也已经初步成型。这些建筑不仅有单层的，还有多层的高楼。从屋顶形式来看，我们当代可以见到的主要屋顶形式以及相应的斗栱等部件已经出现在这些模型与绘画之中，例如四阿顶（明清称之为庑殿顶）与歇山顶等形式。此后历朝历代中，屋顶的形式不断完善改进，整体形象一直使用至今。但具体来看，不同的时代有着自己的特色。

唐代是中国社会政治与经济发展的高峰，对中国历史有着深远的影响。从建筑历史的角度来看，唐代建筑在技术与艺术方面都有巨大发展，形成了气魄雄伟、规模宏大、华美舒展、结构成熟的完整建筑体系，呼应着大唐盛世的时代精神。令人惋惜的是，唐代距今已有一千多年，自然因素的侵蚀与人为因素的破坏，让绝大多数唐代建筑消失在了历史长河之中，仅留下屈指可数的几座唐代建筑，皆存在于如今山西省境内。

建于唐代的南禅寺大殿是中国现存最为古老的木构建筑。唐代后期，由于佛教寺院经济过分扩张，损害了国库收入，唐武宗在会昌年间发起了一场大规模拆毁佛寺、强迫僧尼还俗的毁佛运动。众多规模宏大、历史悠久的寺院被毁，历史上称之为"会昌法难"。由于所处位置较为偏远，南禅寺大殿避开了会昌法难及历代战争的破坏，得以幸存至今，其木结构仍保存良好。殿内保存有唐代原貌的塑像，更是我国雕塑艺术史的珍贵之物。虽然南禅寺作为当时的乡村佛寺，建筑规模较小，仅为厅堂构架的小殿，但其单檐九脊顶（清代称歇山顶）出檐深远，如大鹏展翅，曲线柔和优雅。大殿屋顶坡度极为缓和，檐下斗栱简练大方，角柱略有生起（建筑物立面上，檐柱自中央向两端依次升高，使檐口呈一缓和优美的曲线，称为"生起"），都体现出唐代木构的时代特征。

建于唐大中十一年（857）的山西五台山佛光寺东大殿，是现存佛光寺建筑群中唯一的唐代建筑，也是中国仅存的三座唐代建筑中唯一一座殿堂式构架的大殿，是建筑史上的经典之作。与南禅寺相比，佛光寺东大殿等级高、规模大、结构精致且保存完好，更能体现唐代建筑的技术与艺术成就。历史上的佛光寺相传最初创建于北魏时期，毁于会昌法难，现存建筑是其后重建的。这座大殿的屋顶采用了高大的单檐四阿顶（也称为庑殿顶），其高度与墙身高度相近，从视觉上即能体会这种屋顶样式的尊贵。与南禅寺大殿相似，佛光寺东大殿屋面坡度舒缓，出檐深远，檐下有着硕大的斗栱。这些都反映出典型的唐代建筑特征。

在中国古代，屋顶形式具有非常重要的社会意义，与其主人的社会地位紧密相联。明清太庙作为皇家宗庙，具有崇高的政治地位。这种地位反映在建筑上，则是以礼制为核心的象征意义与建筑形式的紧密结合。太庙大殿采用了庑殿顶的形式，同时在殿顶之下设有短檐，这种形式称为重檐庑殿顶。重檐庑殿顶在清代是最高等级的屋顶形式，是明清宫殿建筑的最高典范。即使在紫禁城之中，重檐庑殿顶也只应用在最为核心的建筑殿堂之上，如故宫三大殿的太和殿。

大屋顶在现代化的进程中，逐渐从单纯的建筑形式开始转变，对外逐渐演变成中国人的文化形象，对内逐渐成为中国人的文化认同。北京曾经有过"夺回古都风貌"的建筑运动，其主要做法即是在现代建筑的顶部加建各种形式的大屋顶。在当前消费主义盛行的时代，大屋顶作为一种建筑符号，广泛出现于各地的仿古街区，各种电脑游戏设定等所谓"中国风"的场景之中。前者备受争议与批判，后者亦常被认为是符号的肤浅应用，但这些都从侧面反映了大屋顶在中国建筑形态特色方面所占有的举足轻重的地位。

建筑造型与时代特征

中国古代抬梁式建筑大致可分为殿堂式与楼阁式两大类别，分别具有不同的造型特征与时代印迹。

殿堂式

中国古建筑的群体组合，以核心建筑为建筑群的主体，其中心通常就是殿堂，"殿"和"堂"有着相似的功能与性质，但在规模上有所区别。大规模的建筑群中，其中心建筑通常以"殿"命名，如太和殿、大成殿等。佛光寺大殿作为中国现存的早期经典实例，大殿完全按照宫殿规格进行建造，充分体现了大唐建筑的核心特征，是现存唐代殿堂型建筑中最古老、最典型、最宏大的实例；而民间祠堂、民居、私家园林等较小规模建筑群的中心建筑，则以"堂"命名，如苏州拙政园中的兰雪堂、远香堂、玉兰堂等。

从建筑式样来看，"殿"通常采用歇山甚至庑殿等高等级的建筑式样。"殿"不仅要用高等级的屋顶式样，规模大一点的还要用重檐（重檐庑殿、重檐歇山）来进一步强化，规模小一点的则可用单檐；而作为"堂"的建筑一般采用具有地方特色的硬山、悬山顶，与民居的建筑做法相似，例如小型民间寺庙的"大雄宝殿"，也有采用硬山式屋顶的。

楼阁式

楼阁是中国古建筑常用的一种建筑形式，从宋代开始流行，其原因在于宋代商业经济发达，城市人口密集。宋代不仅城市中大量建造楼阁，寺庙中也开始流行用楼阁作为藏经阁等建筑。楼阁建筑的广泛实践，使宋代的楼阁成了中国古建筑中楼阁建筑的典范。

中国古代楼阁建筑，可归纳为四种类型：挑台式、柱廊式、外窗式、干栏式。

挑台式的做法，是从建筑的檐柱和墙壁上用斗栱向外挑出一圈平台，作为围栏，人可以走到建筑外面四面观景。这种做法使得建筑的外立面变得更加丰富，建筑外观比较丰富华丽。河北蓟县独乐寺观音阁即是这种楼阁建筑的典型。

柱廊式，是借用建筑的外檐柱做围廊的廊柱，上层走廊收在建筑内部，不向外出挑，上层楼地面与下层屋顶平齐，省去了围栏走廊出挑的高度，比挑台式节省材料和用工，也节省了建筑高度。比如灵石魁星楼。

外窗式，直接借用下层的屋顶做上层走廊的围栏。这样下层屋顶与上层屋檐之间就只剩下了一个窗户的高度，在柱子之间安装上窗扇，变成了没有外廊的封闭式楼阁。由于上层楼地面已经降到了下层屋顶之下，因此这种做法最为节省。比如岳阳楼。

干栏式，底层架空，用于堆放柴草、杂物，或做猪圈牛栏等，上层用于

山西灵石静升文庙魁星楼（作者拍摄）

湖南岳阳楼上层（作者拍摄）

湖南湘西吊脚楼（作者拍摄）

居住。干栏式民居在贵州、四川、广西、云南以及湖南的湘西地区至今仍大量存在，很好地适应了南方山区地形地貌和气候条件，吊脚楼便是干栏式建筑的一种。

如何支撑屋顶？

前面已经谈到，中国建筑有着独特而优美的大屋顶。那么是怎样的结构将这一切上部构造支撑起来，使建筑整体得以矗立大地数百乃至上千年呢？

西方建筑采用砖石结构，而以中国建筑为代表的东亚建筑则一直沿用了木结构，形成了独具特色的东方结构体系。中国古建筑的结构体系是力学与美学的融合，既解决了结构受力问题，其结构部件本身也赋予了建筑独特的美学特征。

首先，中国建筑体系的承重结构与围护结构是分离的。木构架作为承重结构，将屋顶的重量经梁、枋传递给柱子，再通过柱子传到地面。柱子之间的墙壁只起到隔断的作用，用来分隔空间，并不承受房屋重量，因此墙体可以采用石、土、砖等多种建筑材料来建造。当房屋受到地震冲击时，由于木结构的部件之间由榫卯连接，结构上不易断裂，因此当墙体倒塌之后，木结构仍可能挺立着，俗称"墙倒屋不塌"。

其次，屋架的具体构造有多种做法，不仅在南方与北方之间存在差异，地域特色更为丰富。总体来看，中国木结构主要有抬梁式和穿斗式两大体系。前者主要作为古代官式建筑采用的结构形式，在皇家与宗教建筑中应用广泛，而后者主要应用于南方民间建筑。此外，井干式、伞架式与斜梁式等多种结构也存在于中国建筑之中。

抬梁式与穿斗式

抬梁式结构是中国古代建筑最主要的结构形式，其做法是在柱子上抬起大梁，梁上设置矮柱（称为童柱）。童柱并不落地，而是借助梁的支撑再抬起上一层的梁，梁上再接着承载童柱，如此层层叠起，因此抬梁式又叫"叠梁式"。抬梁式结构的优点是用材粗壮，因而建筑风格厚重雄壮，柱距较大，内部空间较宽阔，相应的缺点则是耗材过多，需要较大的木材。抬梁式结构是中国古代官式建筑的主要结构形式，也是北方建筑的基本结构形式。皇家宫殿与寺庙殿堂都使用抬梁式。北方普通百姓的民居也大多采用抬梁式。南方通常只有大型建筑，如寺庙、会馆、祠堂的大殿才用抬梁式结构。

穿斗式结构是中国古代建筑的另一种重要结构形式。穿斗式结构的构架中没有梁，只有枋，做法是用较薄的枋穿过柱子，叫"穿枋"。瓜柱（童柱）骑跨在穿枋上，由柱、瓜柱、穿枋构成屋架，檩子直接落在柱和瓜柱之上。穿斗式结构中，顺着屋架方向的穿枋代替了梁，起承重的作用。穿枋穿过柱子，把整个屋架拴接成一个整体，因此穿斗式结构的整体性比抬梁式强。穿斗式结构的优点是：用材较小，节省材料，建筑风格轻巧；结构整体性强，一榀屋架就是一个整体，抗风抗震性能好。其缺点是屋架中柱间跨度不大，柱网较密，内部空间受到限制。穿斗式广泛用于南方民间建筑，如民居、寺庙、祠堂、会馆等建筑中。由于穿斗式结构是南方民间建筑的结构形式，所以官方建筑典籍《营造法式》中没有提及。姚承祖所著《营造法原》是对南方地区民间建筑比较全面的总结，其中对穿斗式结构有比较详细的论述。

抬梁式与穿斗式在有些地区常结合起来使用，有利于发挥抬梁式与穿斗式两种结构的不同特点及各自优点，克服一部分缺点。抬梁式

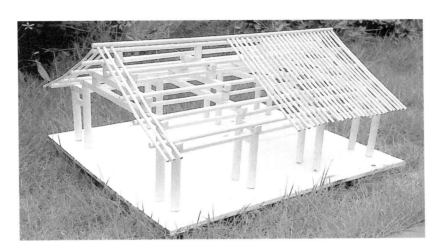

抬梁式（作者拍摄）

穿斗式（作者拍摄）

柱间跨度大，适宜于殿堂等内部空间较大的建筑，而穿斗式柱网较密，对内部空间分隔影响较大，不太适宜于公共建筑。因此南方一些寺庙、祠堂、会馆中的主要殿堂常采用两者相结合的结构形式。即靠山墙处用穿斗式木构架，而中间使用抬梁式木构架，这样既增加了室内使用空间，又不必全部使用大型木料。

井干式

井干式结构其实并非单独的建筑"结构"，而是用原木平行并列拼成墙壁，四面围合，直接支撑屋顶，不用屋架。这种建筑形式并非中国独有，而是广泛存在于许多国家。由于墙壁全部都用原木做成，耗材较多，因此一般只在盛产木材的林区采用。

伞架式

伞架式结构是专用于攒尖式屋顶的结构形式。攒尖式屋顶常见的有四角、六角、八角和圆形。攒尖式屋顶结构的中央最高处必有一根童柱，叫"雷公柱"，用以支撑尖顶。"伞架式"指斜梁斜向支撑雷公柱，组成一个类似雨伞的结构形式。如果用抬梁式或者穿斗式结构来承载雷公柱，会使得互相交叉的梁枋在受力最重要的关键点上开榫口，势必削弱其强度，在受力上很不合理。伞架式结构很好地解决了这一问题。这种结构形式在宋代《营造法式》中已有介绍，叫"亭榭攒尖"，得名来源于亭子和楼榭建筑常采用攒尖顶。亭子、楼榭、攒尖这些名称都是指建筑形式和式样，没有概括出建筑结构的特点，且亭子和楼榭不一定是采用攒尖顶，因此作为一种结构形式称为"伞架式"更合适。

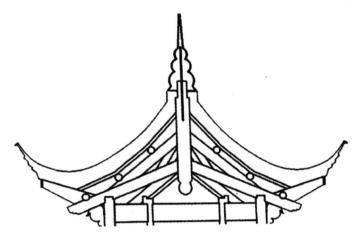

伞架式

斜梁式

斜梁式作为一种比较特殊的结构形式，是穿斗式结构的发展，即在穿斗式屋架之上再加两根斜梁，檩子落在斜梁上。这种结构形式与一般的穿斗式和抬梁式结构都不同，其不同之处就在于柱子和童柱支撑斜梁，斜梁再支承檩子。檩子可以落在斜梁上的任何地方，不必和斜梁下的柱子、童柱的位置相对应。这样，斜梁下面的屋架就可以减去一些柱子、童柱和梁枋构件，节省很多材料。湖南湘西苗族民居中常用斜梁式结构，省了很多童柱和穿枋。屋架虽显得有些简陋，但很实用和节省。这种斜梁式结构主要流行于西南部分地区的民居建筑中，特别是少数民族民居建筑中。湖南苗族民居、瑶族民居、云南傣族民居、四川凉山彝族民居的屋架都有采用这种斜梁式的实例。

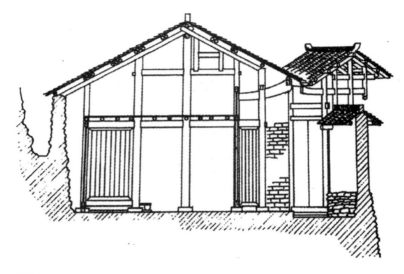

斜梁式

故宫华表

其他重要的单体建筑

华表

　　华表又叫"桓表""表木"或"诽谤之木"，在古代是用来表示王者纳谏或指路的木柱，相传最早立于尧时，当时为木柱，到了东汉时期，开始使用石柱，纳谏、指路的作用也逐渐消失，更多的是装饰作用，成为皇权的一种象征。华表一般由底座、蟠龙柱、承露盘和其上的蹲兽组成，立在宫殿、陵墓等大型建筑物外的道路两旁，也被叫作神道柱、石望柱，是中国一种传统的建筑形式，常在图案设计中被采用为"中国元素"。

阙

阙是汉代较独特的建筑样式，多成对出现在建筑群的入口两侧，是入口处的标志建筑物，源于瞭望、守卫的木楼，后来演变为表示威仪和等级的城阙、宫阙。

西汉初期，贵族府第开始使用第宅阙，建在府第入口的两侧，作为大门的标志，以显示其地位身份。再后来，为祭祀的需要，仿造宫阙的形式将其缩小，建于祠庙入口两侧成为祠庙阙。在厚葬风的影响下，为了表示死者的身份、地位，在墓前的神道两侧也建了石阙，即墓阙。

阙一般包括阙基、阙身、阙顶，阙上有多处雕刻图像、纹样，并有题刻文字。

碑

碑比较容易理解，即是刻有文字纪念事业、功勋或作为标记的石头。相传起源于西周和春秋时期，在宗庙内立一石柱，用来拴祭祀用的牲畜，同时人们也根据它在阳光下投影的方位来推算时间，这就是中国最早的碑。

石碑发展到后期，根据功能的需求，除了标记作用，还有另一个意义，即作为墓碑，纪念逝者生平。相传战国时期，贵族下葬时，由于墓穴很深，棺木要用滑车系绳索缓缓放下，一块大石板成为滑车的支架。殡葬结束，石板往往留在墓地。于是人们在石头上雕刻追述前人"功德"的文字，纪念逝者，这就形成了最早的墓碑。到东汉时期，墓碑开始盛行，制作也越来越精良。

碑的结构一般分为碑首、碑身、碑座三部分。碑首主要雕刻碑名，也有雕刻起装饰作用的螭首。碑身刻写碑文，碑座承重，也有做成龟趺，作装饰用。

唐代是碑刻最发达的时期，不仅内容丰富，碑文书法也有极高价值。

牌坊

牌坊是中国古代一种特殊建筑，是中国古建筑群体的重要组成部分，起着丰富环境、强化其美学与象征意义的作用，牌坊也叫牌楼。牌坊上部的小屋顶叫作"楼"，若要严格区分，上部有屋顶的叫"牌楼"，

泰安岱庙牌楼（作者拍摄）

没有的叫作"牌坊"。然而现实中不必如此严格区分，一般情况下认为两者是等同的概念。

牌坊在材质上有石牌坊、木牌坊与琉璃牌坊三大类。木牌坊多用于标志性牌坊，矗立于路口，标识着某一重要的场所，例如北京的国子监街，有国子监和孔庙，因而在街道两端入口各树立一座牌坊；石牌坊多用于旌表牌坊，这也符合这类牌坊的性质；纪念性建筑要讲究永恒性，石构建筑更符合永久性的特点；琉璃牌坊是砖筑的牌坊，表面饰以琉璃砖瓦。

照壁

照壁是古代汉族传统建筑中特有的部分，明朝时特别流行。古人称之为"萧墙"，起遮挡、屏避的作用。这是中国受风水意识影响而

故宫九龙壁

产生的一种独具特色的建筑形式，也称"影壁"或"屏风墙"。照壁具有挡风、遮蔽视线的作用，墙面若有装饰则造成对景效果。照壁可位于大门内，也可位于大门外，前者称为内照壁，后者称为外照壁。

照壁由座、身、顶三部分组成。从材质上分，照壁有以下几种：琉璃照壁、砖雕照壁、石制照壁、木制照壁、砖瓦结构或土坯结构。其中琉璃照壁主要用在皇宫和寺庙建筑，最具代表的是故宫九龙壁。

建筑的地域特性

中国古代建筑，尤其是民间建筑具有鲜明的地域特色，各个地方的建筑都有自己的特殊样式和特殊做法。这些特色不宜笼统地划分为南方和北方，即使同一个省份的不同地方，也有不同的做法。

在建筑造型中，地域特点突出表现在屋顶、山墙以及一些建筑细部之中。

屋顶

屋顶造型是中国古建筑造型重要元素之一，也是体现地域特色的重要元素之一。北方和南方建筑的屋顶造型很不相同，北方建筑的屋顶造型厚重敦实，檐口出挑短浅，屋角起翘平缓。南方建筑屋顶造型轻巧纤薄，檐口出挑深远，屋角起翘高挑。

除了这种南北差异之外，还有一些地方特色。例如福建东南沿海以及台湾的闽南式建筑，喜好将屋脊两端头做成燕子尾巴的形状，叫"燕尾脊"。

平遥城隍庙（作者拍摄）

都江堰南桥（作者拍摄）

山墙

山墙是指一栋建筑两端的墙体。当房屋的两侧山墙同屋面齐平或略高出屋面时，这种建筑样式叫作"硬山"。硬山式建筑山墙高于屋顶，其最初目的是为了防火，后来逐渐发展出多种地域样式，富于美学价值。

中国古建筑以木结构为主，木结构建筑最大的威胁是火灾，如何防火就成了需要重点考虑的问题。然而古代没有消防车、消防栓、灭火器等现代的消防设施，真正着火只能靠人用脸盆、水桶这类最原始的方法扑救，因此木构建筑只要着火就难以扑灭，且常常殃及池鱼，把隔壁建筑也引燃了。于是人们将山墙做得高于屋顶，一家着火也就烧到山墙为止，这种山墙又称为"封火山墙"。中国北方建筑的山墙

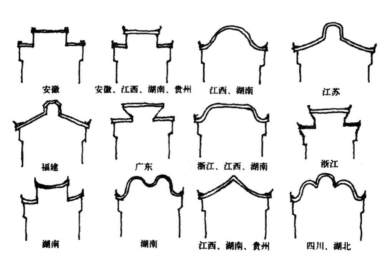

南方建筑封火墙样式

式样变化不多，造型风格比较厚重朴实，南方建筑的山墙式样则丰富多彩。中国古代的城镇街道和村庄，建筑密集，栋栋相连，鳞次栉比，这种封火山墙把建筑互相隔开，能够在一定程度上减少火灾大面积蔓延造成的损失。久而久之，这种高高耸起于屋顶之上的封火山墙就成了建筑造型的一个重要元素，千百年中形成了各具地方特色的造型。

脊兽

脊兽是安装在古代建筑屋脊上的兽件。最初是为了保护木栓和铁钉，防止漏雨、生锈，对脊的连接部件起到固定和支撑的作用。此后脊兽逐渐演变成有严格等级意义的装饰物。不同等级的建筑，脊兽数量、形式都有严格限制，脊兽越多，建筑等级越高。太和殿是紫禁城内体量最大、等级最高的建筑物，因此脊兽最多。太和殿屋脊上除去最前面的骑凤仙人和最后面的戗兽，中间共有 10 只走兽，分别是龙、

故宫太和殿脊兽

凤、狮子、天马、海马、狎鱼、狻猊、獬豸、斗牛、行什。

首先说说骑凤仙人，也叫"仙人骑鸡"。传说春秋战国时期，齐国国君齐泯王，在一次战争中，被敌人追到一条大河边，眼看就要缴枪投降了，突然飞来了一只大鸟，将他背过大河。后人把他放在屋脊，希望更多的人能分享他的运气；龙，明清时期将皇帝称为真龙天子，由此龙是皇权的象征；凤，是祥瑞的象征，在旧时还用凤来比喻有圣德的人；狮子，乃镇山之王，寓意勇猛威严，在寺院中又有护法之意，寓示佛法威力无穷；海马，象征忠勇吉祥，智慧与威德通天入海，畅达四方；天马，意为神马，与海马均为古代神话中吉祥的化身，置于殿脊之上，有种傲视群雄、开拓疆土的气势；狎鱼，是一种海中的异兽，传说可以喷出水柱，寓其兴风作浪，灭火防火；狻猊，是龙子之一，在古籍记载中是接近狮子的猛兽，能食虎豹，传说它喜好烟火，故香炉上面的龙首形装饰为狻猊，有护佑平安意；獬豸虽不是龙子，但也是中国神话里的一种神兽，它身似麒麟，头有一角，能辨是非，是公平、公正的象征；斗牛，为传说中的虬龙，无角，与狎鱼作用相同，为镇水兽；行什，因排行第十，故得此名，它是猴面人形立像，背生双翼，手持金刚宝杵，是雷公的形象和寓意，它寄托了古代人对紫禁城防火防雷的全部想象。

除此之外，螭吻，也叫吞脊兽，作为中国古建筑屋脊两端的装饰构件，最早可追溯到汉代。一般认为螭吻是传说中龙的第九个儿子，生性好张望，龙头鱼身，形象是鱼与龙的结合体。早期的螭吻是一种鱼形，明清时期皇权思想浓重，螭吻就逐渐演变成了龙头鱼身、张嘴吞脊、背插剑柄的形象。这把剑传说是东晋道士许逊的剑，他居官清廉，为民除害，曾用神剑将蛟龙钉死，从此民间风调雨顺，五谷丰登。螭吻背上这个莲花形的剑柄就来源于此。螭吻是一个带有信仰因素的装饰物，虽然信仰的内容相同，但是外表形象和做法却有着地域的差别。例如北京的宫殿建筑上螭吻的鱼尾卷曲较小，剑把是琉璃制作，竖着插在后面，只留出剑柄。

宫殿鸱吻

3 从四合院到古代都城

单体建筑的空间组织——以间为单元

西方建筑，尤其是以教堂、市政厅、剧院为代表的公共建筑，通常有着较为复杂的平面和富于变化的建筑形象。

与西方建筑相比，中国古建筑采用了较为统一的建造模式。无论是民间建筑，还是宫殿、寺院，单个建筑的平面多为简单的矩形，形体不追求新奇的设计。

那么中国古代建筑如何实现宗教、政治、游憩或是居住的不同功能呢？关键在于多个建筑的群体组合。单体建筑承担各自的功能，而由建筑群这一整体作为实现特定功能的基本单元。因此在这个组织体系里，建筑单体是基本的元素，通常对应着某种特定的功能需求。

我们先来看看，单体建筑如何通过空间组织来实现这一目的。古建筑的房屋一般是木结构，以柱为承重构件。因此，四个柱子所围成的空间称之为"间"。左右两柱轴线之间称为面宽，又称面阔或开间，前后柱轴线之深称为进深。中国单体古建筑不论大小，均以"间"为基本单位，但视其规模等级可以有不同的面宽和进深。古人以此为尺度标准定出房屋规格，确定出不同规模的建筑单体，并进一步组织形成建筑群。因此，要理解中国建筑的空间组织，应从"间"这一最基本的单元开始。

　　堂殿的间数大部分采用奇数。由于中国古建筑通常都以横向为正面，大门又多位于正面的中央，只有采用奇数间才能使大门位于正面的中央，否则中心线将落在柱位上。汉代以后，建筑的中心部分愈来愈受到重视。为了强化这个部分的重要性，称为"当心间"的正中间比一般的开间增大了柱距。现存的唐代佛光寺东大殿的"当心间"已经运用这种手法。清代进一步强化了当心间的重要性，将当心间称为

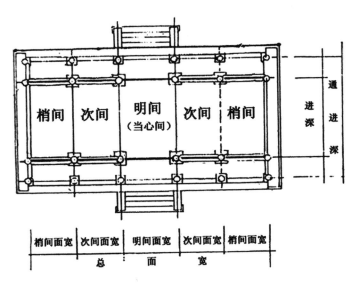

古建筑平面布局

"明间"，明间两侧的间称为"次间"，次间左右的间均称"稍间"，两端的末间则称为"尽间"。各间的柱距均不相同，明间最大，次间次之，稍间又次之，到了尽间就缩小至相当于金柱至檐柱的距离。

柱距的变化成为一系列有趣的节奏，主要目的在于衬托和突出中心部分，这种方式是世界上其他建筑体系所没有的。若细心观看，可以发现如今北京的人民大会堂门前的柱廊、柱距的变化仍然继续采用这种传统的方式。

前面谈到的唐代南禅寺大殿，是一座面宽3间、进深也为3间的建筑，平面大致呈正方形，位于高大的台基之上。室内空间没有柱子分隔，符合宗教建筑所需要的完整空间。室内空间不大，殿内保存的数座形态各异的唐代泥塑佛像，与人们的距离处在较为亲密的范围。佛光寺东大殿规模更为宏伟，大殿建于12米高的台地上，平面呈长方形，面宽7间，进深4间，殿内采用大小两圈柱将供奉佛像的空间划分出来（称之为"金厢斗底槽"）。

"间"的数量，可以随着平面大小而增减，但在实践中，中国的单座建筑并没有过分地扩大，而是到了一定的程度便停止了扩张，并以礼制与规章的形式将建筑规模与屋主的社会地位联系起来，限制了民间对建筑体量扩大的追求。在堂殿建筑中，最大的面宽只不过13间，进深5～6间。故宫太和殿面宽11间，进深5间，是现存最大的古代单座木结构建筑。唐大明宫含元殿殿身11间，包括副阶（就是主体建筑外面的柱廊）在内共13间，进深4间，包括副阶共6间，二者在面积上大致相等。清代太庙大殿作为皇家宗庙主体建筑，采用了类似太和殿的规制。

泰安岱庙天贶殿（作者拍摄）

群体建筑的基本空间组织——四合院与轴对称

空间形态——庭院与天井

我们已经知道，古代的房屋建筑以"间"为单位，构成一座建筑。一座单独的建筑通常满足一种特定的功能需求，而更为复杂完整的功能，则由建筑群体来实现。那么古人是采用什么方式把一栋栋建筑组合起来，形成秩序井然而又功能多样的建筑群体，来满足居住、宗教、政务等不同的功能呢？

一般来说，中国古建筑群是由单幢房屋围合形成院落，并以"院"作为空间组织的基本单元。为了实现复杂的功能，院与院之间可以进一步连接，形成更为宏大的建筑群。中国传统建筑，通常是一组或者多组的建筑，围绕着一个中心庭院空间，而组织构成的建筑群。因此，院落组合是中国古建筑最重要特征之一。

　　早在两千多年前的汉代画像砖与陶制建筑模型中，就已出现了多重院落式布局的建筑群体，反映出这种布局方式有着悠久的历史，后来一直贯彻于几千年的建筑历史中，成为中国古建筑中一种最主要的总平面构图方式。中国民间常将建筑群的规模描述为"几院几间"，可见"院"在中国人的心目中也是建筑群的基本构成单位。

　　具体来看，中国古代各地建筑庭院的做法并不完全一致，在不同地方，庭院也有着各自不同的特征，最主要的两大类别是北方庭院和南方天井。

　　北方传统的庭院式住宅——四合院，往往被认为是中国传统民居中最典型的代表。北方四合院的基本单元是由四栋独立的建筑围合成

山西王家大院局部（作者拍摄）

一个院落，多取南北方向为主轴，将大门开在院落的东南角。院内正房位于中轴线的北端，朝向南方，作为主人居住生活的空间。轴线东西两侧，有左右厢房，通常为主人的儿孙所居住。仆人所用空间常位于前院倒座与正房后面的一排平行于正房的后罩房中。建筑与建筑之间用院墙或廊子相连，再由若干个这样的基本单元组合成院落群体。一个单元内的建筑之间拉开较大的距离，形成较为宽阔的庭院。庭院中间可种植树木花草，比如做葡萄棚架，安置石桌石凳，可以供人活动。

上述格局是四合院的理想模式，实际上四合院的规模与主人的社会和经济地位息息相关，规模与形制存在较大差异。普通人家通常只能围合而成一进院落，作为自家生活的空间。大户人家人口众多，一个简单的四合院显然无法满足主人的需求，因此多个院落成为客观上的必要。新增院落首先沿主轴线纵向延伸，形成多个相互串联的四合院群体。当达官显贵们所需要的空间进一步扩展时，在主轴线的两侧可以添加新的平行轴线，并以相似的原则进行院落的串联组合，形成纵横相连的大规模建筑群。因此小到民间百姓的住宅，中到达官显贵的府邸，大到皇室居住的紫禁城，其基本单元都是四栋房屋围合而成的四合院，主要区别在于民间住宅可能小到仅有一个院落单元，而紫禁城则是有数量众多的四合院构成的。

南方的"天井"，从一般意义上说也可以叫作四合院，因为通常也是由四面建筑围合成庭院。但实际上，它与北方的四合院有着很大的区别。南方的天井四边的建筑不是独立的，通常是互相连接的，屋顶和屋顶相接，檐口和檐口相接，从屋檐下往天上看似一个四方形的井口，所以叫"天井"。由于天井四周的建筑互相连接，建筑之间距离较小，因此不能形成像北方四合院那样的大庭院。此外，四周屋顶相连，使屋顶形成一个"斗"形，四面屋顶排水流向中间的天井，使天井地面成为集中排水的地方，这使得天井中间难以提供人活动的空间。

北方四合院和南方天井的本质区别，在于中间的庭院是否供人活动，而这一区别深深植根于南、北方的地理气候条件差异。北方气候寒冷、干燥、少雨，民居建筑要尽可能多争取日照，不必过多考虑防晒防雨。南方的气候是炎热、多雨，民居建筑要尽可能防晒、防雨，因此较小的天井仅供采光通风，对于南方地区强烈的阳光和常有的暴雨侵袭，起到了较好的防护作用。

合院式的布局将自身空间与外界隔离开来，使得内部功能独立于外部环境。合院式内部格局清晰，易于符合古代社会父权、男权至上的家族结构与伦理需求，通过其平面扩展可以满足不同社会阶层的需要，因此成为中国最为普遍的建筑形式。

组织方式——轴线

合院式布局是中国古代建筑组织的最普遍形式，其核心是利用轴线来组织单个的建筑，法则是：若干座单栋建筑组成庭院，再由若干个庭院组成建筑群。在平面组织的系统上，建筑群是以"一院一组"为基本单元的，多组建筑群的院一般是首先沿纵深方面发展，院与院作行列式的排列，一连串的院则称为"路"。

典型的巨大建筑群则以"中路"为主，左右再发展为"东路"与"西路"，更大的"群"可能构成更多的"路"。在"路"中，院与院间有纵向的联系，也有横向的联系，成为一个交叉的交通路线网。建筑群的"路"和我们今日所指的道路的"路"在形式上很不相同，但在意义上也有相同的地方，因为它也是一种交通路线的组织系统。无论

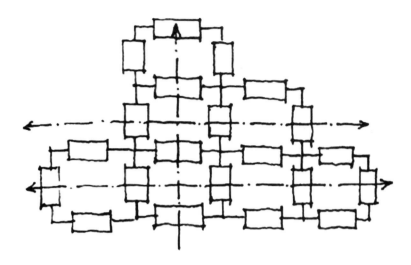

中国传统建筑群体组合方式

如何，"无院不成群"是中国古建筑群的核心特征。

这一特征不仅适用于民间宅院，也适用于宫殿、寺院等大型公共建筑。事实上，中国建筑群的特征，大到北京城的格局，小到一家一户的宅院，其结构高度相似，其核心是对称式的布局。院落沿着纵向轴线展开，并向两侧的平行轴线拓展。中国古建筑的群体组合和布局方式大都强调中轴对称，宫殿、寺庙、祠堂、会馆、书院、民居等几乎全部都是对称式布局。

一般的情况下，无论是宫殿、寺庙、书院还是祠堂，建筑群的中心建筑都是殿堂。建筑群沿中轴线纵深发展，其组合规律是：中心建筑——殿堂，占地最大；楼阁建筑受其功能影响，一般在中轴线后端。宫殿、书院等建筑群中，楼阁一般是藏书、读书用的藏书楼，寺庙建筑群中的楼阁一般是收藏经书的藏经阁，因此一般布置在比较僻静的后部比较适宜。民居住宅中的楼阁一般是读书的书楼或未出嫁的姑娘居住的闺楼、绣楼，当然也宜位于住宅建筑的后部。因此中轴线的轮廓是前低后高，前面（门屋）小，中间（殿堂）大，后面（楼阁）高。

北京故宫作为皇家居所，是中轴线应用的大成。故宫从大门到后门共有十二进，重重宫门，进进院落。庭院建筑的这种纵深发展，形成一种深邃神秘的氛围，而越是地位高、权势大的人就越是需要这种威严与神秘感。文学作品中常常以"庭院深深""侯门深似海"对这种状态进行描绘。

中国建筑群也有采用自由式布局的，主要是园林，其次是因地制宜、随宜布局的建筑群组。自由式布局的突出实例，是以苏州园林为代表的南方私家园林。这些园林面积大都较小，因而在小空间内通过丰富多变的空间组织形成优美的环境。大型园林尤其是皇家园林，往往是总体上依山水地形自由布局，而局部的组团仍然是对称式布局。例如北京颐和园，总体上依万寿山和昆明湖的地形地貌自由布局，而以佛香阁为主体的中心建筑群则是对称式布局。因此总的来说，中国建筑的平面组合方式是以对称式布局为主。

中国古代建筑群轴线的特征，在于建筑沿着一条中轴无限地延伸，形成一条在构图上压倒一切的主轴。这一布局在西方古典建筑和现代建筑中很少见到。明清北京城的核心建筑群，布局里长达 8000 米的中轴线，是中轴线运用在城市规划和中心建筑群布局中的集中表现，是中国建筑技术和艺术长期以来发展的结果。没有历代都城建设的基础，这个格局是不可能出现的。

中轴线的作用，首先是在技术层面上，使用一种清晰简明的方法，将中国古代建筑重重封闭、自成一组的基本平面组织串连成一体，形成有格局有秩序的群体组合。

此外，中轴线有着特殊的意义，对中轴线的分析不能脱离中国古代的社会制度。中轴线是古代社会意识与文化观念的充分体现，也是礼制与皇权在空间和大地上的投影。

中国古代社会中，宗法制度是社会制度的基础，是国家与社会的基石。这种以礼制为代表的制度不仅是一种社会思想，也是行为规范，影响着社会伦理与人们的生活，其主要内容是以血缘的宗亲关系来区分嫡庶、规定长幼尊卑的等级关系，形成自上而下重视血统与等级的宗法制度，核心正是清晰的社会等级制度。

这种思想在中国历史上长时间占据主导地位，深刻地影响了中国古代社会。中国古建筑中轴对称的轴线式布局，正是这种社会性的体现。在建筑领域，无论是营造平民百姓的居所，还是规划建设都城，也都充分体现着这样的等级思想。《考工记》中，将城市分为天子的王城、诸侯的国都以及宗室与卿大夫的都城三个级别，并分别规定了城楼高度、道路宽度与城门形制等内容。此外，宫室与庙堂建筑群的规模和房屋高度都体现着高低贵贱的等级差别。

正如中国古代的城市规划用都城布局来体现皇权意识和政治观念一样，中国古代建筑的群体组合，也是用建筑来表达当时的社会关系。主轴线的建筑体量最大，建筑等级最高，建筑式样最隆重。次轴线上的建筑，在体量和式样上都应该次于主轴线上的建筑。这一点，在政治性建筑和宗教性建筑如宫殿、衙署、寺观、坛庙上尤为明显。

轴线所组织起来的每一个建筑群，实际上就是一个小社会，而每个小社会有一个核心，其他的建筑都围绕着这个核心来布局。皇宫是一个小社会，核心就是皇帝，因此皇帝的大殿处在皇宫的中心位置，其他建筑围绕在周边；佛教寺庙是神学的国度，其核心是释迦牟尼，因此大雄宝殿处在中心位置，其他建筑围绕在周围；家族的核心是长辈家长，所以在传统四合院住宅中，家长住正房，儿孙们住厢房。其他如道观、祠堂、会馆、书院、文庙等，全都如此。因此要理解中国古建筑一定要理解它的文化，不能只看到物质层面的空间形态。

最宏伟的四合院——紫禁城

紫禁城的名字来源有各种说法，有人认为"紫禁"二字与古代天文有关。为了研究星空，古人把若干个恒星分为一组，每组称作一个"星宫"。这些星宫有 31 个特别有名，称为"三垣二十八宿"，加上代表四个方位的"青龙、白虎、朱雀、玄武"后便占据了整个天幕。"三垣"是太微垣、紫微垣和天市垣。紫微垣位于北天正中，是天帝居住的地方，也象征着人间帝王之位。此为"紫"。"禁"者，皇宫不是老百姓能靠近的地方，就连宫墙附近的地方都是禁地。

作为明清两代的宫殿，紫禁城的建设始于明成祖朱棣。紫禁城的规划不仅为了满足帝王办公与起居的核心功能，还要强烈地反映出国家权力对建筑空间的深刻影响。

首先，紫禁城作为宫廷，帝王要在此处理政务，要与皇室成员在此生活起居，还要配备相当数量的服务人员用房。紫禁城的规划，在空间上首先体现了政务与皇室生活之间的关系问题，将宫城的前面划分为前朝，主要用于处理政务，将生活起居部分放置在后面，称为后寝。

紫禁城的前朝，以太和殿、中和殿与保和殿为核心，两侧则是文华殿、武英殿两大组建筑群。三座大殿规模宏大，位于紫禁城中轴线上，依次向北排列。大殿外是广阔的庭院与配殿，是皇帝在重大仪式与节日时召见文武百官举行盛大庆典的场所。

后寝以乾清宫、交泰殿、坤宁宫为主体，仍位于紫禁城的中轴线上，是皇帝、皇后生活起居与后宫举行仪式与活动的主要场所。轴线以东有东六宫，以西有西六宫，分别供皇妃和太后等人居住。最北部的御花园是皇后、嫔妃游憩的园林。修建紫禁城时，东西六宫的建筑形式是基本相同的，每个宫都是两进院落，歇山顶，琉璃瓦，前院正殿5间，东西配殿各3间，后院正殿5间，东西配殿各3间。东西六宫不但建筑形式相同，面积相同，甚至室内陈设都保持一致。康熙年间，乾清宫是皇帝的寝宫和处理日常事务的地方。雍正以后，皇帝日常活动的中心转移到了养心殿，乾清宫的政务活动逐渐减少了，更多的是举行典礼和宴会。

紫禁城的各部分，均各自独立围合而成四合院的形式，其各自的对称轴通常平行于紫禁城的中轴线，内部各殿宇之间则通过复杂的通道系统联系起来，形成了规模庞大的紫禁城建筑群。这种以前朝后寝为核心的皇宫建设体现了帝王的权势，各个殿宇宫室组成院落，层层相连，殿堂整齐、庄严、肃穆。

紫禁城乃至明清北京城的规划建设，充分体现了礼制制度。以皇城为中心，从正面进入皇城，经正阳门、天安门、端门、午门、外朝三大殿与后寝三宫，直到神武门所过之处，主体殿宇都建设在紫禁城中轴线上。这条中轴线一直向北延伸向地安门、钟鼓楼，形成北京城的宏伟轴线。

在这条中轴线两侧，遵循左祖右社的原则，在东侧设置了太庙，作为皇帝祭祖的宗庙（现为劳动人民文化宫）；在轴线西侧规划了社稷坛（现为中山公园），社稷是"太社"和"太稷"的合称，社是土地神，稷是五谷神，两者代表着农业社会最重要的根基。太庙与社稷坛既代表了祖先崇拜的礼制象征，也代表了农业立国的根基，都是古

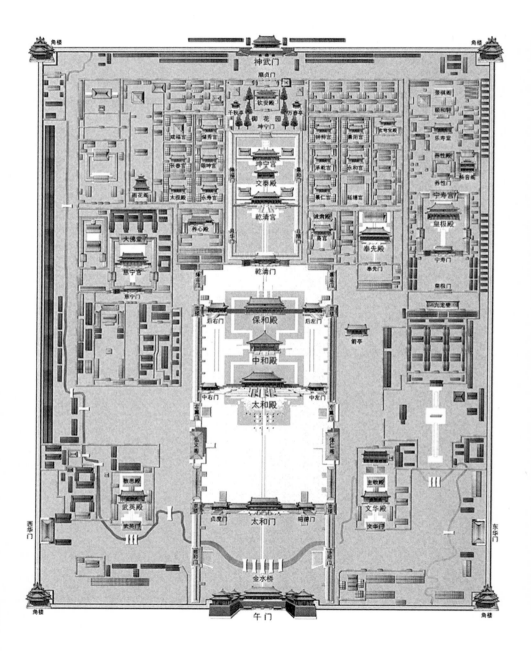

代中国的元素特征。

在这条中轴线上，作为紫禁城正门的午门，位于最南面，其城门之上有一座面阔 9 间的大殿，采用的是中国建筑屋顶形式中最高等级的重檐庑殿顶，其下的 5 个门洞分别为文武百官、王公宗室上朝的路线；中轴线北端，为神武门。神武原为玄武，是古代神话传说中的四神兽之一，代表的是北方，因此宫殿北门常取名为玄武门。清圣祖康熙皇帝的名字是爱新觉罗·玄烨，为避帝王讳而将玄武门改名为神武门。神武门同样使用了重檐庑殿顶，但面阔仅为 7 间，进深 3 间，形制上略低于午门。

再看中轴线，午门北面即是紫禁城前朝的大门太和门。太和门是一座建于台基之上、面阔 9 间、进深 5 间的宫殿式大门。太和门的屋顶是建筑等级仅次于重檐庑殿顶的重檐歇山顶，显示其地位尊贵，并昭示其引导的建筑很重要。太和门后是一个宏伟宽阔的广场，其中坐落着紫禁城最为重要的一座殿堂——太和殿。太和殿矗立于三层大台基之上，面阔 11 间，进深 5 间，高达 35 米，建筑面积达 2377 平方米，采用的也是最高等级的重檐庑殿顶，是中国现存古建筑中开间最多、进深最大、屋顶最高的大殿。

台基、屋身与屋顶，这些中国古建筑的基本构成部分，以充满象征的手法塑造了威武壮观的皇家建筑形象。而通过中轴线组织起来的主次分明的紫禁城宏大建筑群，则强化了宫殿建筑对礼制秩序与等级的象征作用。作为明清两代的宫城，紫禁城占地宽广，建筑数量庞大，功能复杂且处处皆需要合乎礼制要求，这对于建筑设计与宫城规划是一大挑战。古人采用的以中轴线对称布局的方式来组织如此庞大的建筑群，与民间建筑群的组织方式有着共同的源头，这样的组织方式既满足了功能需求，又体现了家国同构的宗法社会特征，自然也符合礼制的需求。

如今皇权已经消失在历史中，原本充斥其间的政权象征意义也随着王朝一起消亡，但紫禁城保留了下来，向我们展示着古代建筑。

4 古建筑结构技术

中国古代建筑是工匠按照经验来建造的，没有严格的科学计算，也没有今天建筑学意义上的结构和构造之分。古代匠人按照营造法的概念，将建筑各部位、各种构件、各个工种、工序的工匠分为大木作、小木作、砖作、石作、泥作、瓦作、油漆作、彩画作等类别。这些结构和构造，在每一个时代都制定有一定的标准和规范，称之为法式。古代房屋大体上按照这些法式建造，并不推崇现代建筑设计所提供的独创性。

中国古建筑在两三千年的实践经验中，除归纳出一套标准结构体系，用以建立平稳可靠的建筑之外，古代匠人在此基础上总是寻求向更高的空间发展。从秦汉至魏晋期间，建筑物发生过朝高处发展的倾向，通天台、铜雀台、金虎台、冰井台以至于永宁寺的佛塔等，都是著名的例子。建造这类高层建筑，必须对建筑材料的自重和力学上的平衡有充分认识。这些实践积累了无数成功及失败的经验，提高了结构技术的水平，探寻了新的建筑结构，这些结构大致有砖石拱券结构、生土结构、筒体结构和梁柱结构等类别。

砖石拱券结构

砖石拱券结构是古代砖石建筑技术发展的产物。中国古代的砖石技术首先是从陵墓地宫、地下给排水设施、桥梁等建造过程发展而来，其特点是不需要用大型构件（柱、梁、枋等），只用小块的建筑材料（砖块、石块）就能做出大跨度的空间。砖石拱券建筑的形象厚重朴实，庄严肃穆，常被用来建造祭祀性、纪念性建筑。除此之外，最大数量的砖石拱券结构建筑是陵墓地宫和桥梁。

中国古建筑中有一类较为特殊的建筑——无梁殿。所谓"无梁殿"，实际上是一种纯拱券结构的建筑，完全没有梁架。建筑室内空间很小，墙壁很厚，基本没有窗。著名的无梁殿建筑有南京明孝陵祭殿、北京天坛斋宫、北京皇史宬、山西显通寺无梁殿等。这些建筑的使用功能比较特殊，一般不需要内部大空间，但需要坚固耐久、庄严肃穆。明孝陵祭殿是明太祖朱元璋陵墓的祭殿，只求庄严，不求华美；天坛斋宫是皇帝祭天之前斋戒的地方，不仅不求华丽，反而需要朴素；北京皇史宬是皇家档案馆，需要坚固耐久，墙壁厚达 1 ~ 2 米，甚至有人怀疑失踪了的七千卷的《永乐大典》原本就藏在皇史宬厚厚的墙壁里。

生土结构

土是被人们最早使用的建筑材料。我们的祖先很早就在辽阔的土地上建造房屋，最早就和"土"打交道。人们一开始就挖洞穴居，产生初期的生土建筑。人们从穴居搬到地面，建造房屋，仍然用土作为重要的建筑材料，因为土分布广，取土方便，土层深厚容易挖掘，经济实用，坚固耐久。在北方严寒季节里，对于房屋的保暖与防寒，生土建筑起到了防护的作用，在古代是防寒取暖的好方法。

筒体结构

中国古代建筑中的筒体结构，一般只用于特殊的建筑——塔，其结构形式和结构原理类似现代高层建筑和超高层建筑的结构，只是所用材料不同。现代高层建筑筒体结构采用钢材或钢筋混凝土，古代的筒体结构采用砖石和木材。

塔大多采用砖石结构，由于塔作为一种宗教建筑需要永恒性、耐久性。一些要供多人登临的塔需要较大的内部空间，因而较多采用木结构，例如山西应县木塔等。除此之外，不需要供多人登临的，或者完全不供人登临的塔，就都采用砖石结构。这类塔的结构形式很复杂，内部空间一般都比较小，塔的外檐很多采用叠涩出挑，也有少数采用砖石仿木结构斗栱的做法。

梁柱结构

梁柱结构是最简单的结构形式，两根柱子支撑一根大梁，便产生了建筑空间。这种结构形式若要做出比较大的空间，需要比较大块的整体材料作为整根横梁来搭建。从古代可用材料来看，木材最适宜于梁柱结构，而石材就不太适用于梁柱结构，因为一方面石材很难做出比较长的建筑构件，另一方面自重太大，力学特性也不适合此类用途。

牌坊作为纪念性建筑，要做得华丽，用粗笨的砖石拱券不利于装饰，因此采用比较空灵的梁柱结构。然而牌坊要矗立在露天野地，需要长时间经受风雨，所以有的牌坊采用了石头梁柱结构，牌坊较小的开间跨度也使得石材的应用难度较小。

5　建筑色彩与装饰

色彩的由来

中国古建筑素以色彩丰富、用色鲜明、对比强烈见称。

在中国人的经验里，古代的宫殿与庙宇似乎总与特定的色彩相联系，常常是屋顶上盖着金黄色的琉璃瓦，屋身是朱红柱子与墙面，屋檐下有色彩缤纷的各种彩画。民间的建筑则多为青砖黛瓦，或是白墙褐柱。这些丰富的色彩正是中国建筑的一大特色。

中国建筑之所以颜色特别丰富，一方面有着技术的原因，体现在建筑物所使用的材料、结构和构造等方面，另一方面也在于色彩本身所代表的社会等级。

从技术角度来看，建筑物的颜色很大程度是由材料本身带来的。砖瓦、石头、金属、木材等本来就有各自的颜色。常用"五材并举"，自然地形成了多种的色彩搭配。红色地面就是由红色的地砖形成的，台基和石栏杆大部分是白色的，也是"汉白玉"或者其他的花岗岩等石材的原色。屋面和墙身的颜色主要由砖瓦本身所具有的颜色而决定，古代的墙砖，常用青灰色的板瓦或者筒瓦，这些都是焙烧得来的颜色。垒于版筑的夯土墙，表面均施白石灰，以防雨水冲刷，上面虽然可以另加其他颜色，不过还是以白色为常用。

大部分建筑材料都是调和的中间色调。丰富的色彩主要产生于木材的油漆、金属的装饰以及中世纪之后大量出现的琉璃。油漆是防止木材腐坏、延长使用年限最有效简单的方法。中国古建筑在发展过程中逐步建立了自己独特的色彩风格。色彩在中国古代社会具有深刻的象征意义，并不仅是技术工具的产物。以黄色为例，作为传统的五色之一，《易经》提出"天玄而地黄"。这里的"玄"与"黄"在后世解读中都与色彩相关。在古代五行学说之中，土居中央，而与土相关的颜色为黄色，黄色被特别地赋予了居中的正统地位。自唐以来，皇室以黄色为尊，黄色被纳为皇家专用，其社会阶级意义更为显著。除皇帝特许的坛庙建筑外，包括官衙、王府均不得铺设黄色琉璃瓦；红色作为五色之一，与喜庆美好逐渐产生了联系。清代皇帝用朱笔在奏章上进行批示，也体现出红色的独特地位。紫禁城的屋顶与墙面分别以黄色与红色为主色，奠定了整个宫城的色彩基调。

色彩的象征意义，在天坛祈年殿上体现得尤为突出。祈年殿作为天坛的重要组成部分，是皇帝举行祭祀、祈求五谷丰登的主要仪式场所。首先从形式上，祈年殿作为中国少数圆顶建筑，其结构比较独特，旨在象征传统宇宙观的"天圆地方"。殿顶的琉璃瓦没有采用皇宫的黄色琉璃瓦，而是采用了蓝色琉璃瓦，用蓝色表示蓝天，符合祈年殿的功能与象征。

彩画及装饰

在中国传统木结构建筑中，木材会被空气中的潮气侵蚀，于是古人在木料上涂刷油漆以保护木料。从单色开始，后来又发展了各种纹饰、图案，最终形成了一定的制式和规范。

彩画在色彩分配上尤为讲究。檐下阴影掩映部分多为"冷色"，如青、蓝、碧、绿，略加金色，柱、门和墙壁则以朱红为主。各种纹饰、图案覆盖了建筑的每一寸地方，是古代宫殿不可或缺的装饰艺术。人们常说中国古建筑雕梁画栋，所谓"画栋"，就是指建筑彩画，无论是皇家的宫殿、楼阁、庙宇，还是供人游玩的亭、台、长廊、牌坊，处处充满各种纹饰。

在中国古代，尤其是皇权思想浓重的明清时期，彩画也有等级的差别，主要分为和玺彩画、旋子彩画、苏式彩画三大类。

和玺彩画专门给皇宫使用，主要特点是用龙来做纹饰。不同位置的龙有不同的形态：行龙、升龙、坐龙等。明清宫殿的额枋一般由上、下两道枋和中间的垫板组成，在枋心、藻头、箍头上全部使用龙纹，叫作金龙和玺彩画，它是最高等级的彩画，故宫的太和殿、乾清宫都是这种彩画；在两道枋上龙凤交替使用的彩画称作龙凤和玺，常用在皇后所居的宫殿，比如故宫的坤宁宫；在两道枋上用龙和植物花草纹交替使用的，称作龙草和玺，常用在次要殿堂梁枋上。

旋子彩画的级别仅次于和玺彩画，与和玺彩画不同之处，是藻头部分不画龙纹而用旋子花纹。花纹由一层层的花瓣和中间的花心组成，根据花瓣的不同形态又分为勾丝咬、喜相逢等不同的类型。旋子彩画的使用范围很广，宫殿、楼阁、牌坊、亭子都可以看到这种彩画。根

故宫太和殿的和玺彩画

旋子彩画

据枋心图案的不同，可以有多种组合方式，充分满足按古代礼制区分建筑等级的要求。

　　苏式彩画在明朝永乐年间从南方传到北方，主要用在园林中的亭、台、廊、榭或垂花门的额枋上。苏式彩画的特点非常明显，在两道枋和垫板上覆盖一个半圆形，称为"包袱"。包袱的内容一般不画龙凤等皇家图腾，多为山水、人物、鸟兽、植物等图案。包袱的轮廓由连续的折线组成，一般带有五层退晕，称作"烟云"。外圈称为"烟云托"。在包袱下面的两侧，常有葫芦、寿桃、树叶、扇面形式的盒子，盒子内画着山水、人物、动物、植物等图案。在北京颐和园的长廊内，苏式彩画琳琅满目，记录着"四大名著"到民间故事：孔融让梨、伯牙摔琴、黛玉焚稿、大闹天宫，等等。

苏式彩画

后　记

　　书稿终告段落，掩卷思量，饮水思源，在此谨表达我的殷切期许与拳拳谢意。首先，感谢柳肃教授、肖灿教授在书籍撰写过程中，给我以无限的激励与帮助。其次，感谢冉鑫博士提供的部分图片和帮助，给书籍撰写带来了巨大乐趣与启发。最后，这本书是在参考诸多文献的基础上完成的，深刻感觉"学无止境"与"力有不逮"的压力，感谢前辈们为中国古代建筑研究所作的贡献。如果读者对书中某些内容感兴趣，可以根据书后参考文献进行拓展阅读。

李秋实

参考文献

［1］刘敦桢.建筑科学研究院建筑史编委会.中国古代建筑史（第二版）.北京：中国建筑工业出版社，1984.6.

［2］刘叙杰.中国古代建筑史（第一卷）.北京：中国建筑工业出版社，2003.

［3］傅熹年.中国古代建筑史（第二卷）.北京：中国建筑工业出版社，2001.

［4］郭姟黛.中国古代建筑史（第三卷）.北京：中国建筑工业出版社，2003.

［5］潘谷西.中国古代建筑史（第四卷）.北京：中国建筑工业出版社，2001.

［6］孙大章.中国古代建筑史（第五卷）.北京：中国建筑工业出版社，2002.

［7］中科院自然科学史所.中国古代建筑技术史.北京：科学出版社，2016.6.

［8］王其钧.中国建筑图解词典.北京：机械工业出版社，2007.1.

［9］柳肃.营建的文明——中国传统文化与传统建筑.北京：清

华大学出版社，2014.4.

[10] 赵立瀛，何融. 中国宫殿建筑. 北京：中国建筑工业出版社，
1992.

[11] 王其钧. 古往今来道民居. 台北：大地地理文化科技事业
股份有限公司，2003.

[12] 王其钧. 中国民居住宅建筑. 北京：机械工业出版社，
2003.

[13] 孙大章. 中国民居研究. 北京：中国建筑工业出版社，
2004.8.

[14] 汉宝德. 中国建筑文化讲座. 北京：生活·读书·新知三
联书店，2013.11.

[15] 西冈常一、宫上茂隆. 法隆寺世界最古の木造建築. 日本：
草思社，2014.2.

[16] 刘大可. 中国古建筑瓦石营造. 北京：建筑工业出版社，
1993.6.

[17] 马炳坚. 中国古建筑木作营造技术. 北京：科学出版社，
1992.

[18]（明）午荣编，张庆澜. 罗玉萍译注. 鲁班经（白话译解本）. 重
庆：重庆出版社，2007.9.

[19] 柳肃. 古建筑设计理论与方法. 北京：中国建筑工业出版社，
2011.12.

[20] 李允鉌. 华夏意匠：中国古典建筑设计原理分析（第二版）. 天
津：天津大学出版社，2014.2.

[21] 董鉴泓. 中国城市建筑史. 北京：中国建筑工业出版社，
1989.

［22］张富强.皇城宫苑（六册）.北京：中国档案出版社，2003.

［23］寒布.故宫.北京：北京美术摄影出版社，2004.

［24］高珍明，覃力.中国古亭.北京：中国建筑工业出版社，1994.

［25］楼庆.中国古建筑小品.北京：中国建筑工业出版社，1993.

［26］刘庭风.中国古园林之旅.北京：中国各建筑工业出版社，2004.

图书在版编目（CIP）数据

中国营造技术简史 / 李秋实编著. — 郑州：中州古
籍出版社，2019.4
（华夏文库科技书系）
ISBN 978-7-5348-8525-9

Ⅰ.①中… Ⅱ.①李… Ⅲ.①建筑史 – 中国 – 古代
Ⅳ.①TU–092.2

中国版本图书馆CIP数据核字（2019）第047191号

华夏文库·科技书系
中国营造技术简史

总 策 划　耿相新　郭孟良
项目协调　单占生
项目执行　萧　红
责任编辑　肖　泓
责任校对　李晓丽
封面设计　新海岸设计中心
版式设计　曾晶晶
美术编辑　王　歌

出　　版　中州古籍出版社
　　　　　地址：河南省郑州市郑东新区金水东路39号
　　　　　邮编：450016
　　　　　电话：0371-65788693
经　　销　新华书店
印　　刷　河南新华印刷集团有限公司
版　　次　2019年4月第1版
印　　次　2019年4月第1次印刷
开　　本　960毫米×640毫米　1 / 16
印　　张　9.25印张
字　　数　100千字
印　　数　1—3000册
定　　价　31.00元